肉牛标准化繁殖技术

◎ 魏成斌　徐照学　主编

中国农业科学技术出版社

图书在版编目（CIP）数据

肉牛标准化繁殖技术 / 魏成斌，徐照学主编．—北京：中国农业科学技术出版社，2015.1

ISBN 978 -7 -5116 -1821 -4

Ⅰ．①肉…　Ⅱ．①魏…②徐…　Ⅲ．①肉牛 - 繁殖　Ⅳ．①S823.93

中国版本图书馆 CIP 数据核字（2014）第 226699 号

责任编辑　胡晓蕾
责任校对　贾晓红

出 版 者　中国农业科学技术出版社
北京市中关村南大街 12 号　邮编：100081
电　　话　(010)82109705(编辑室)　(010)82109703(发行部)
(010)82109709(读者服务部)
传　　真　(010)82106625
网　　址　http://www.castp.cn
经 销 者　各地新华书店
印 刷 者　北京富泰印刷有限责任公司
开　　本　850mm ×1 168mm　1/32
印　　张　8.5
字　　数　210 千字
版　　次　2015 年 1 月第 1 版　2017 年 3 月第 2 次印刷
定　　价　26.00 元

《肉牛标准化繁殖技术》

编　委　会

主　　编　魏成斌　徐照学

副 主 编　兰亚莉　施巧婷

编写人员　辛晓玲　王二耀　冯亚杰　李志刚

　　　　　楚秋霞　付晓鹤　吴　姣　杨琳琳

　　　　　张立宪

内容摘要

该书本着科学实用的原则，系统介绍了肉牛标准化繁殖技术的基础知识和操作规程。内容包括：实施肉牛标准化繁殖应具备的条件、肉牛标准化繁殖理论基础、肉牛标准化繁殖技术参数、肉牛标准化繁殖技术操作规程、提高肉牛繁殖力的技术措施。制订详细的肉牛标准化繁殖技术的操作规程，并针对我国农区、牧区、半农半牧区的不同饲养模式、各地自然环境状况及不同品种的差异进行详细解释，可操作性强，语言通俗易懂，适合我国规模化母牛养殖企业、母牛养殖专业合作社、畜牧业生产管理人员和技术人员以及加入合作社的母牛规模化养殖户阅读参考。

前 言

推动畜禽标准化养殖是实现现代畜牧业发展的前提条件，发展标准化规模养殖是转变畜牧业发展方式的主要抓手，是新形势下加快畜牧业转型升级的重大举措。政府正在加强政策引导，逐步提高基础母牛存栏量，着力保障肉牛基础生产能力。为加快推进基础母牛扩繁，2014 年中央财政安排近 10 亿资金启动了肉牛基础母牛扩群增量项目。全国牛羊肉生产发展规划（2013—2020 年）指出，要因地制宜发展适度规模养殖，推进标准化生产，优先支持建设采取自繁自养模式、能繁母畜存栏达到一定标准的规模养殖场建设，增加基础母畜存栏量。引导标准化规模养殖场发挥示范作用，辐射带动周边广大养殖场户转变养殖方式，提高整体生产水平。

母牛短缺、牛源不足和土地、用工及饲料的成本上涨等因素加剧了异地育肥规模的快速萎缩和屠宰产能过剩。目前，我国肉牛产业发展的瓶颈是繁殖母牛存栏不足，2013 年年末全国肉牛存栏不足6 300万头，其中，能繁母牛不足2 100万头，随着国内肉牛群体资源紧张及优秀公牛的培育能力有限的形势进一步发展，国内持续从澳大利亚、新西兰等国大批量进口母牛及胚胎。繁殖母牛数量急剧下降已经成为我国肉牛业可持续发展的最大障碍，必须尽快对其进行研究进而遏制，并较快恢复，否则会影响我国肉牛产业的可持续发展。当前，为了充分利用有限的繁殖母牛，推广应用新型繁育技术对肉牛产业发展非常重要，以科技为支撑推进肉用母牛的标准化规模养殖，提高母牛繁殖率、缩短母牛繁殖周期，是提高母牛养殖效益的有效途径。

本书主要作者所属单位河南省农科院畜牧兽医研究所是国家肉牛产业技术体系繁殖技术岗位的技术依托单位，承担着国家肉牛繁殖领域的基础性工作、重点技术推广及前瞻性研究任务。肉牛标准化繁殖技术手册的编写与出版也是本岗位“十二五”任务之一，已积累了大量素材。该书是作者在总结多年工作经验和查阅大量国内外文献资料的基础上编写而成的。本着科学实用的原则，围绕肉牛标准化繁殖技术的基础知识和操作规程，理论与实际紧密结合起来，避开无关紧要的非实用性内容，对于成熟、稳定、可靠、先进的技术内容，使用通俗的语言，尽量阐述得清楚、具体，并给出详细的参考数据。内容包括实施肉牛标准化繁殖应具备的条件、肉牛标准化繁殖理论基础、肉牛标准化繁殖技术参数、肉牛标准化繁殖技术操作规程、提高肉牛繁殖力的技术措施。针对我国农区、牧区、半农半牧区的不同饲养模式、各地自然环境状况及不同品种的差异进行详细解释，可操作性强，语言通俗易懂，适合我国规模化母牛养殖企业、母牛养殖专业合作社、畜牧业生产管理人员和技术人员以及加入合作社的母牛规模化养殖户阅读参考。

在编写过程中参考引用了不同方面的最新报道和论述，在此对有关作者表示感谢。

由于编者水平有限，尽管做了最大的努力，书中难免存在不妥和疏漏之处，恳请同行和读者批评指正。

编　者

2014 年 8 月

目 录

第一章 实施肉牛标准化繁殖应具备的条件

第一节　牛场的选址与布局

一、选址

1. 必备条件

（1）场址不得位于《中华人民共和国畜牧法》（以下称《畜牧法》）明令禁止的区域，土地使用符合相关法律法规与区域内土地使用规划。《畜牧法》明令禁止的区域是指：生活饮用水的水源保护区，风景名胜区以及自然保护区的核心区和缓冲区；城镇居民区、文化教育科学研究区等人口集中区域；法律、法规规定的其他禁养区域。

（2）具备县级以上畜牧兽医部门颁发的《动物防疫条件合格证》，两年内无重大疫病和产品质量安全事件发生。

（3）具有县级以上畜牧兽医行政主管部门备案登记证明；按照农业部《畜禽标识和养殖档案管理办法》要求，建立养殖档案。

2. 地理位置与周边环境

距离生活饮用水源地、居民区和主要交通干线，其他畜禽养殖场及畜禽屠宰加工、交易场所500米以上，距一般交通道路200米以外，还要避开对肉牛场产生污染的工矿企业，特别是化工类企业。符合兽医卫生和环境卫生的要求，周围无传染源。也要远离高噪声的工厂。噪声对肉牛的生长发育和繁殖性能均可产生不良影响。选择放牧模式的，要由寄生虫病专家、中兽医专家实地调研有毒植物、寄生虫情况，写出调研分析报告，并制定出防控措施。牧场建立的临时牛圈应避开水道、悬崖边、低洼地和坡下等处。

3. 地势与土质

要求地势高燥平坦而略有坡度（坡度以1%～3%为理想），地下水位低（2米以下），排水良好，向阳背风。

场地土质以沙壤土为理想。沙壤土中沙粒与黏粒的比例合理均匀，抗压性强，透水性好，易保持干燥，雨水、尿液不易积聚，雨后没有硬结，有利于牛舍及运动场的清洁与干燥，有利于防止蹄病及其他疾病的发生。切记不可建在低洼处，以免排水困难，汛期积水及冬季防寒困难。低洼地潮湿、泥泞，蚊蝇滋扰严重，不利于牛的健康。

4. 环境温湿度

牛的生物特性是相对耐干寒、不耐湿热，由于我国南北温度和湿度等气候条件差异很大，各地的牛场建设应因地制宜，如在南方的牛舍应首先考虑防暑降温，减少湿度；北方的牛舍应防风、防寒和保温，避开西北方向的风口和长形谷地。

肉牛的生产能力受环境因素影响较大，在选址、设计和生产过程中应注意以下因素。

（1）温度。气温对牛体的影响很大，其变化不同程度地影响牛体健康及其生产力的发挥。环境温度在5～21℃时，牛的增重速度最快。温度过高，肉牛增重缓慢；温度过低，提高代谢率，以增加产热量维持体温，显著增加饲料消耗。因此，夏季要做好防暑降温工作，产房及封闭式隔离牛舍安装电扇及喷淋设备，运动场栽树或搭凉棚，使高温对肉牛生产和繁殖所造成的影响降到最低限度。冬季要注意防寒保暖，尽量提供适宜的环境温度。

（2）湿度。湿度对牛体机能的影响，主要是通过水分蒸发影响牛体散热，在一般温度环境中，对牛体热调节没有影响，但在高温和低温环境中，湿度大小对牛体热调节产生作用。一般是湿度越大，体温调节范围越小。高温高湿会导致牛的体表水分蒸发受阻，体热散发受阻，体温很快上升，机体机能失调，呼吸困难，最后致死，是最不利于牛生产的环境。低温高湿会增加牛体热散发，使体温下降，生长发育受阻，饲料报酬低，增加了生产成本。另外，高湿环境还为各类病原微生物及各种寄生虫的繁殖提供了良好条件，使肉牛患病率上升。一般来说，当温度适宜时，湿度对肉牛生长发育影响不大。但湿度过大会加剧高温或低温对肉牛的影响。

（3）气流。气流（又称风）对肉牛的作用是使牛体周围的冷热空气不断地对流，带走牛体所散发的热量，起到降温作用。寒冷季节，如受大风袭击，会加重低温效应，使牛的抵抗力降低，尤其是犊牛，易患呼吸道、消化道疾病，因而对肉牛的生长发育有不利影响。

（4）光照。冬季牛体受日光照射有利于防寒，对牛体健康有利；夏季高温下，光照射会使体温升高，导致热射病（中暑）。因此，夏季应采取遮荫措施，加强防暑。光照对调节母牛生理功能有很重要的作用，缺乏光照会引起生殖功能障碍，使牛不发情。光照不仅对肉牛繁殖有显著作用，对肉牛生长发育也有一定的影响，光照充足有利于日增重的提高。

（5）尘埃和有害气体。新鲜的空气是促进肉牛新陈代谢的必需条件，并可减少疾病的传播。空气中浮游的灰尘是病原微生物附着和生存的好地方。为防止疾病的传播，一定要避免灰尘飞扬，尽量减少空气中的灰尘，保持空气中二氧化硫、二氧化碳、总悬浮物颗粒、吸入颗粒等各项指标符合空气环境质量良好等级，减少呼吸道病的发生，促进肉牛的生长和繁殖。

（6）噪声。噪声对牛的生长发育和繁殖性均能产生不良影响。肉牛在较强噪声环境中生长发育缓慢，繁殖性能下降。

二、基础设施

1. 水源

牛每天饮用水量很大，一头中等体重的肉牛，每日饮水量10～15升。环境温度高或采食干饲料时，饮水量还要增加。要有充足的符合卫生条件的水源，保证生产、生活及人畜饮水。要求水质良好，不含毒物，便于取用，便于保护，确保人畜安全和健康。通常以井水、泉水等地下水为好，而河、溪、湖、塘等水应经过处理后使用。

2. 电力

牛场应该具有可靠的电源，对于机械化程度较高的牛场必须自备发电机组，以便在断电情况下能够维持关键环节的正常运转。

3. 场内交通

牛的进出、大批饲草饲料的购入，牛粪的运出，运输量很大，来往频繁，有些运输要求风雨无阻，因此，肉牛场离公路不能太远，应建在交通方便的地方。随着机械化设备的使用，对连通交通主干道的道路和场区道路等都有很高的要求。场址应距饲料地或放牧地较近，交通便利，有专用车道直通到养殖场。

三、场区布局

（一）设计原则

修建牛舍的目的是为了给牛创造适宜的生活环境，保障牛的健康和生产的正常运行。花较少的资金、饲料、能源和劳力，获得更多的畜产品和较高的经济效益。为此，设计肉牛舍应掌握以下原则：

（1）为肉牛创造适宜的环境。一个适宜的环境可以充分发挥牛的生产潜力，提高饲料利用率。一般来说，肉牛的生产力20%取决于品种，40%～50%取决于饲料，20%～30%取决于环境。不适宜的环境温度可使肉牛生产力下降10%～30%。此外，即使喂给营养全面的饲料，如果没有适宜的环境，也不能最大限度地转化为畜产品，从而也降低了饲料的利用率。由此可见，建设肉牛场时，必须符合肉牛对各种环境条件的要求，包括温度、湿度、通风、光照、空气中的二氧化碳、氨、硫化氢，为肉牛创造适宜的环境。

（2）要符合生产工艺要求。肉牛生产工艺包括牛群的组成和周转方式，运送草料、饲喂、饮水、清粪等，也包括测量、称重、疾病防治、生产护理等技术措施。牛场建筑必须与本场生产工艺相结合。否则，必将给生产造成不便，甚至使生产无法进行。

（3）严格卫生防疫，防止疫情传播。流行性疾病对牛场会形成威胁，造成经济损失。通过修建标准化肉牛场，为肉牛创造适宜环境，将会防止或减少疾病发生。此外，修建牛场时还应特别注意卫生要求，以利于兽医防疫制度的执行。要根据防疫要求合理进行场地规划和建筑布局，确定牛舍的朝向和间距，设置消毒设施，合理安置污物处理设施等。

（二）场区与外环境的隔离

场区与外环境之间的隔离以从外到内分防疫沟、隔离林带、围墙三道隔离障碍为最佳。

（三）场内分区布局

肉牛场一般分生活区、生产区、办公区（管理区）和粪污处理及病牛隔离区。四个区的规划是否合理，各区建筑物布局是否得当，直接关系到牛场的劳动生产效率，场区小气候状况和兽医防疫水平，影响到经济效益。

(1) 生活区。职工生活区应在牛场上风向和地势较高地段，并与生产区保持 100 米以上的距离，以保证生活区良好的卫生环境。

(2) 生产区。包括生产区和生产辅助区。

生产区是牛场的主要操作区，全牛场的生产区由一定数量的牛舍组成，牛舍必须按照地形地貌特点进行安排，相对集中地分成小区。每个小区牛舍排列必须使草料道和粪道分开，互不交叉。生产区主要包括牛舍、运动场、积粪场等，这是肉牛场的核心，应设在场区地势较低的位置，要能控制场外人员和车辆，使之完全不能直接进入生产区，要保证最安全、最安静。各牛舍之间要保持适当距离，布局整齐，以便防疫和防火。但也要适当集中，节约水电线路管道，缩短饲草饲料及粪便运输距离，便于科学管理。

生产辅助区包括饲料库、饲料加工车间、青贮池、机械车辆库、授精室等。饲料库、干草棚、加工车间和青贮池，离牛舍要近一些，位置适中，便于车辆运送草料，减少劳动强度。但必须防止牛舍和运动场因污水渗入而污染草料。所以，一般都应建在地势较高的地方。

生产区和生产辅助区要用围栏或围墙与外界隔离。门口设立消毒室、更衣室和车辆消毒池，严禁非生产人员出入场内，出入人员和车辆必须经消毒室或消毒池进行消毒。

(3) 办公区（管理区)。办公区是经营的中心。包括办公室、财务室、接待室、档案资料室、活动室、实验室等。办公区要和生产区严格分开，保证50米以上距离。这个区接近道路和电源，地点在生产区的主导风向上方。

(4) 粪污处理及病牛隔离区。该区主要包括兽医室、隔离牛舍、病死牛处理及粪污储存与处理设施。此区设在下风向。地势较低处，应与生产区距离100米以上。病牛区应便于隔离，单独通道，便于消毒，便于污物处理等。粪污处理区应处于地势最低的区域，避免雨季污水蔓延到场区。

(四) 牛舍

母牛繁育场要分别建有单独的母牛舍、犊牛舍、育成牛舍、育肥牛舍，并建有运动场。

(五) 运动场

1. 运动场的重要性

运动场是牛每日定时到舍外自由活动、休息的地方，使牛受到外界气候因素的刺激和锻炼，增强机体代谢能力，提高抗病力。运动对骨骼、肌肉、循环系统、呼吸系统等都会产生深刻的影响，尤其是犊牛正处在生长发育旺盛的时期，运动就显得更重要。如果后备牛的运动不足而精料又过多，容易发胖，体短肉厚个子小，早熟早衰，利用年限短。

舍饲母牛的运动对繁殖性能影响较大。运动对提高繁殖力、减少繁殖疾病、提高成活率具有一定作用。牛每天到舍外进行一定量的运动，能使其全身受到外界气候因素的刺激和锻炼，促进机体各种生理过程的进行，增强体质，提高牛的抗病力，舍外运动能提高母牛的受胎率和胎儿的正常发育，减少难产的发生率，减少胎衣不下的比例。因此规模化母牛场规划设计时，要考虑配备适当的运动场。

采用运动场放牧饲养，由于运动场活动空间大，牛群运动充足，采食量增加，血液循环加快，机体生理代谢就旺盛，从而提高母牛的发情比率和胚胎质量，提高受胎率。母牛卵巢对促性腺激素（GnRH）刺激的敏感性会受到断奶后母牛生理代谢水平的影响，集约化母牛场的母牛若采用拴系饲养，母牛基础代谢较低，且不活跃。其卵巢由于对 GnRH 刺激不敏感，从而抑制了垂体前叶分泌 LH 和 FSH 的水平，故母牛发情效果差。

母牛缺乏运动，会严重影响母牛的繁殖性能。每天都在拥挤的牛栏里生活的母牛，其肌力容易衰退，长此下去，可能会破坏牛体内的物质交换和部分生理机能，严重时可导致牛子宫发育不良，引发不孕症。母牛的运动量与子宫的体积和发育速度成正比。运动量最合理的母牛，其子宫内膜、血管和腺体的生长状况最佳，其成功怀胎的能力最高。而完全不运动的母牛，易出现静脉血滞留过久、子宫肿胀的现象，患不孕症的可能性相对较高。

育肥牛舍也尽量配备适当的运动场。实践证明，适量的运动，可以提高育肥牛的经济效益。尤其是年龄小的架子牛，在进行育肥过程中，如果一直不运动，会造成发育不良。

2. 运动场的面积

运动场既要保证牛的活动、休息，又要节约用地，充分利用地皮，一般为牛舍建筑面积的 3 ~ 4 倍。平均每头成母牛占运动场面积 20 米^2 左右，育成母牛 15 米^2 左右，犊牛 8 ~ 10 米^2。

3. 运动场的建造

运动场地面以三合土为宜。运动场可按50~100头的规模用围栏分成小的区域。运动场周围要建造围栏，可以用钢管建造，也可用水泥桩柱建造，要求结实耐用。运动场应选择在背风向阳的地方，一般利用牛舍间距，也可在牛舍两侧位置，如受地形限制，也可设在场内比较开阔的地方。

运动场内地面结构有水泥地面、砌砖地面、土质地面和半土半水泥地面等数种，各有利弊。运动场地面处理，最好全部用三合土夯实，要求平坦、干燥，有一定坡度。

4. 运动场围栏

运动场围栏用钢筋混凝土立柱式铁管，立柱间距为3米，立柱高度应高于地面1.3~1.4米，横梁2~3根；电围栏或电牧栏现也广为应用。

四、场内道路和绿化

1. 道路

道路要通畅，与场外运输连接的主干道宽6米；通往畜舍、干草库（棚）、饲料库、饲料加工调制车间、青贮窖及化粪池等运输支干道宽3米。运输饲料的道路（净道）与运输粪污的道路（污道）要分开，不能通用或交叉。改造的牛场，如果避免不了出现净道和污道交叉的情况，应切实做好交叉处的经常性清扫消毒工作。

2. 场区绿化

牛场的绿化，不仅可以改善场区小气候，净化空气，美化环境，而且还可以起到防疫和防火等作用。因此，绿化也应进行统一的规划和布局。可根据当地实际种植能美化环境、净化空气的树种和花草，不宜种植有毒、有刺、有飞絮的植物。牛场的绿化必须根据当地自然条件，因地制宜。

(1) 场区林带的规划。在场界周边种植乔木和灌木混合林带。

(2) 场区隔离带的设置。主要用以分隔场内各区，如生产区、生活区及管理区的四周，都应设置隔离林带，一般可用杨树、榆树等，其两侧种灌木，以起到隔离作用。

(3) 道路绿化。在场内外的道路两旁，一般种1~2行树，形成绿化带。

(4) 运动场遮阳林。在运动场的南、东、西三侧，应设1~2行遮阳林。一般可选择枝叶开阔、生长势强、冬季落叶后枝条稀少的树种，如杨树、槐树等。

3. 放牧通道

规模化牧场要设置放牧专用通道。

第二节　牛场的设施与设备

一、牛舍的设计与建造

1. 牛舍的类型

牛舍类型按屋顶形式可分为单坡式、双坡式、平顶式和平拱式；按牛舍墙壁形式可分为敞棚式、开敞式、半开敞式、封闭式和塑料暖棚等；按牛舍材料可分装配式牛舍、拴系式牛舍等；按牛床在舍内的排列形式可分为单列式、双列式和多列式：一般单列式内径跨度4.5~5.0米，双列式内径跨度9.0~10.0米，多采用头对头式饲养。

(1) 单列式牛舍。典型的单列式牛舍有三面围墙和房顶盖瓦，敞开面与休息场即舍外拴牛处相通。舍内有走廊、食草与牛床；喂料时牛头朝里。这种形式的房舍可以低矮些，且适于冬春较冷、风较大的地区。房舍造价低廉，但占用土地多。

（2）双列式牛舍。双列式牛舍有头对头与尾对尾两种形式。多数牛场使用只修两面墙的双列式，这两面墙随地区冬季风向而定，一般为牛舍长的两面没有围墙，便于清扫和牵牛进出。冬季寒冷时可用简易物品临时挡风，这种牛舍成本低。

（3）单坡式牛舍。单坡式牛舍一般多为单列开放式牛舍，由三面围墙组成，南面敞开，舍内设有料槽和走廊，在北面墙壁上设有小窗，多利用南面的空地为运动场。这种牛舍采光好，空气流通，造价低廉。但室内温度不易控制，常随舍外气温变化而变化。夏热冬凉，只是可以减轻风雨袭击，适合于冬季不太冷的地区。

（4）双坡式牛舍。舍内的牛床排列多为双列对头或对尾式以及多列式。这种牛舍可以是四面无墙的敞棚式，也可以是开敞式、半开敞式或封闭式。敞棚式牛舍适于气候温和的地区。在多雨的地区，可将饲草堆在棚内。这种牛舍无墙，依靠立柱设顶，开敞式牛舍有东，北、西三面墙和门窗，可以防止冬季寒风的袭击。在较寒冷地区多采用半敞开式或封闭式，牛舍北面及东面两侧有墙和门窗，南面有半堵墙为半开放式，南面有整墙为封闭式。这样的牛舍造价高，但寿命长，有利于冬春季节的防寒保暖，但在炎热的夏季必须注意通风和防暑。

（5）塑料暖棚式。塑料暖棚牛舍属于半开放式牛舍的一种，是近年来北方寒冷地区推出的一种较保温的半开放式牛舍。就是冬季将半开放式或开放式肉牛舍用塑料薄膜封闭敞开部分，利用太阳能和牛体散发的热量，使舍温升高，同时，塑料薄膜也避免了热量散失，实现暖棚科学合理的养殖。

（6）装配式牛舍。这种牛舍以钢材为原料，工厂制作，现场装备，属敞开式牛舍。屋顶为镀锌板或太阳板，屋梁为角钢焊接；U字形食槽和水槽为不锈钢制作，可随牛的体高随意调节；隔栏和围栏为钢管。

2. 牛舍建筑的环境要求

母牛的生长和繁殖、犊牛的发育与它们所处的环境条件有很大关系，因此对牛舍的建筑有较高的要求。为给肉牛创造适宜的环境条件，肉牛舍应在合理标准设计的基础上，采取保暖、降温、通风、光照等措施，加强对牛舍环境的控制，通过科学的设计有效地减弱舍内环境因子对牛个体造成的不良影响，获得肉牛生产的效益。

牛舍建筑要根据当地的气温变化和牛场生产、用途等因素来确定。南北差别及气候因素对牛舍的温度、湿度、气流、光照及环境条件都有一定的影响，只有满足牛对环境条件的要求，才能获得好的饲养效果。牛舍内应干燥，冬暖夏凉，地面应保温、不透水、不打滑，且污水、粪尿易排出舍外。舍内清洁卫生，空气新鲜。由于冬季春季风向多偏西北，牛舍以坐北朝南或朝东南好。牛舍要有一定数量和大小的窗户，以保证太阳光线充足和空气流通。房顶有一定厚度，隔热保温性能好。舍内各种设施的安置应科学合理，以利于牛生长。

(1) 牛舍温度。牛的适宜环境温度为5~21℃，故一般以适宜温度为标准。成年牛5~31℃，犊牛10~24℃。为控制适宜温度，炎热夏季应搞好防暑降温，严寒冬季应搞好防寒保暖。牛舍温度控制在这个范围内，牛的增重速度最快，高于或低于此范围，均会对牛的生产性能产生不良影响。温度过高，则牛的瘤胃微生物发酵能力下降，影响牛对饲料的消化；温度过低，一方面降低饲料消化率，另一方面因牛要提高代谢率，以增加产热量来维持体温，显著增加了饲料的消耗。疫牛、犊牛、病弱牛受低温影响产生的负面效应更为严重，因此，夏季做好防暑降温工作，冬季要注意防寒保暖。

牛只的散热机能较差，应解决牛舍的通风、朝向、日照以及屋面、外墙的保温隔热问题。牛耐寒不耐热，当气温在 -15℃时，牛仍能正常生活，但当气温升到 30℃时，母牛的繁殖受影响。所以牛舍应着重注意防热、降温问题。南方温暖地区，采用敞开式或半敞开式牛舍能达到防暑降温目的。但北方寒冷地区，冬季的大风也会影响成母牛和犊牛生长，须采取防风措施。因此，在北方适宜采用有窗开放式牛舍，冬季舍温以 6～12℃为宜。能满足建筑通风、降温和采光要求的结构形式很多，例如，炎热地区的敞开式牛舍，就可以选用带天窗或不带天窗的钢筋混凝土门式钢架，北方寒冷地区，可采用砖混结构的房屋。

（2）牛舍湿度。肉牛用水量大，舍内湿度会高，故应及时清除粪尿、污水，保持良好通风，尽量减少水汽。由于牛舍四周墙壁的阻挡，空气流通不畅，牛体排出的水汽及牛舍内的潮湿物体的表面蒸发，有时加上阴雨天气的影响，使得牛舍内空气湿度大于舍外。湿度大的牛舍利于微生物的生长繁殖，使牛易患湿疹、疥癣等皮肤病，气温低时，还会引起感冒、肺炎等病。牛舍内相对湿度应控制在 50%～70% 为宜。

（3）牛舍气流。空气流动可使牛舍内的冷空气对流，带走牛体所产生的热量，调节牛体温度。适当空气流动可以保持牛舍空气清新，维持牛体正常的体温。牛舍气流的控制及调节，除受牛舍朝向与主风向影响进行自然调节以外，还可人为进行控制，设计地脚窗、屋顶天窗、通风管等加强通风。

（4）牛舍光照。牛舍一般为自然光照，夏季应避免直射光，以防增加舍温，冬季为保持牛床干燥，应使直射光射到牛床。一般情况下，牛舍的采光系数为 1∶16，犊牛 1∶（10～14）。

（5）牛舍有害气体。要对舍内气体进行有效控制，主要途径就是通过通风换气排放水汽和有害气体，引进新鲜空气，使牛舍内的空气质量得到改善。牛舍有害气体允许范围：氨≤19.5 毫克/米^3、二氧化碳≤2 920 毫克/米^3、硫化氢≤15 毫克/米^3。

3. 牛舍建筑结构

牛舍建造要根据当地的气温变化和牛场生产、用途等因素来综合考虑。建牛舍因陋就简，就地取材，经济实用，还要符合兽医卫生要求，做到科学合理。有条件可建质量好的、经久耐用的牛舍。在大规模饲养时，要考虑节省劳力；小规模分散饲养时，要便于详细观察每头牛的状态，以充分发挥牛的生理特点，提高经济效益。牛舍结构要求坚实，对养殖户来说应尽量利用旧料，以节省财力和物力。

由于冬春季节风向多偏西北，牛舍以坐北朝南或朝东南为好。牛舍要有一定数量和大小的窗户，以保证太阳光线充足和空气流通。房顶有一定厚度，隔热保温性能好。舍内各种设施的安置应科学合理，以利于肉牛生长。

（1）地基。应有足够强度和稳定性，坚固，防止地基下沉、塌陷和建筑物发生裂缝倾斜。具备良好的清粪排污系统。

（2）墙壁。要求坚固结实、抗震、防水、防火，具有良好的保温和隔热性能，便于清洗和消毒，多采用砖墙并用石灰粉刷。

（3）屋顶。能防雨水、风沙侵入，隔绝太阳辐射。要求质轻、坚固耐用、防水、防火、隔热保温；能抵抗雨雪、强风等外力因素的影响。

（4）地面。牛舍地面要求致密坚实，不打滑，有弹性，可采用砖地面或水泥地面，便于清洗消毒，具有良好的清粪排污系统。

（5）牛床。牛床地面应结实、防滑、易于冲刷，并向粪沟做1.5%～2%坡度倾斜。牛床以牛舒适为主，母牛可采用垫料、锯末、碎秸秆、橡胶垫层，育肥牛可采用水泥地面或竖砖铺设，也可使用橡胶垫层或木质垫板。

不同类型牛的牛床尺寸见表1－1。为了提高牛舍利用率，规模不是很大的牛场可不区分犊牛舍、育成牛舍、母牛舍、育肥牛舍，而是采用通舍，此时牛床应按照各种牛中需要牛床长度最大的牛来设计，宽度不需要考虑，可根据牛舍长度调整饲养头数以扩大或缩小牛床宽度。

表1－1　不同类型牛的牛床尺寸　　厘米

牛的类型	长	宽
犊牛	100～150	60～80
育成牛	120～160	70～90
怀孕繁殖母牛	180～200	120～150
空怀母牛	170～190	100～120
种公牛	200～250	150～200
育肥牛	160～180	100～120

（6）粪沟。宽25～30厘米，深10～15厘米，并向贮粪池一端倾斜度为1：（50～100）。

（7）通道。单列式位于饲槽与墙壁之间，宽度1.30～1.50米；双列式位于两槽之间，宽度1.50～1.80米。若使用TMR车饲喂，通道宽（5±1）米。

（8）门。牛舍门高不低于2米，宽2.2～2.4米，坐北朝南的牛舍，东西门对着中央通道，百头肉牛舍通到运动场的门不少于2～3个。

（9）窗。能满足良好的通风换气和采光。采光面积成母牛为1∶12，育成牛为1∶（12～14），犊牛1∶14。一般窗户宽为1.5～3米，高1.2～2.4米，窗台距地面1.2米。

（10）牛栏。分为自由卧栏和拴系式牛栏2种。自由卧栏的隔栏结构主要有悬臂式和带支腿式，一般使用金属材质悬臂式隔栏。拴系饲养根据拴系方式不同分为链条拴系和颈枷拴系，常用颈枷拴系，有金属和木制2种。

4. 饲养密度

牛舍内饲养密度大于3.5米^2/头。

二、消毒设施

1. 消毒池、消毒间

消毒池一般设在生产区和场大门的进出口处，当人员、车辆进入场区和生产区时，鞋底和轮胎即被消毒，从而防止将外界病原体带入场内。消毒池一般用混凝土建造，其表层必须平整、坚固，能承载通行车辆的重量，还应耐酸碱、不漏水。池的宽度以车轮间距确定，长度依车轮的周长确定，池深15厘米左右即可。

消毒间一般设在生产区进出口处，内设消毒通道、紫外线灯，供职工上下班时消毒，以防工作人员把病原体带入生产区或将疫区病原体带出。

2. 消毒设备

场区配备内外环境消毒设备。如：高压水枪（高压清洗机）、喷雾器、火焰消毒器、臭氧消毒设备等，根据本场的实际情况配备。

三、养殖设备与设施

1. 饲槽

牛舍内的固定食槽设在牛床前面，以固定式水泥槽最适用，其上宽 0.6 ~ 0.8 米，底宽 0.35 ~ 0.40 米，呈弧形，槽内缘高 0.35 米（靠牛床一侧），外缘高 0.6 ~ 0.8 米（靠走道一侧）。为操作方便，节约劳力，应建高通道、低槽位的道槽合一式结构，即槽外缘和通道在一个水平面上。

在设计全混合日粮饲喂的牛舍时，只需在饲喂通道两侧设置很浅的食槽即可，将日粮直接投在饲喂通道两侧，可大大节省饲养工作量。

2. 饮水设备

有条件的母牛舍可在饲槽旁边离地面约 0.5 米处安装自动饮水设备。一般在运动场边设饮水槽，运动场内的饮水槽应设置在运动场一侧，其数量要充足，布局要合理，以免牛争饮、顶撞。按每头牛 20 厘米计算水槽的长度，槽深 60 厘米，水深不超过 40 厘米，供水充足，保持饮水新鲜、清洁。

为了让牛经常喝到清洁的饮水，安装自动饮水器是舍饲母牛给水的最好方法。但在普通育肥牛舍内，一般不设饮水槽，用饲槽做饮水槽即通槽饮水，饲喂后在饲槽放水让牛自由饮水。

3. 饲料的加工、储藏设备

（1）饲料库是进行饲料的加工配制及储藏的场所，一般采用高地基平房，即室内地平要高出室外地平，墙面要用水泥粉饰 1.5 米高，以防饲料受潮而变质。加工室应宽大，以便运输车辆出入，减轻装卸劳动强度。门窗要严密，以防鼠、鸟等。

（2）肉牛养殖场应有精料搅拌机，规模大的最好配制全混合饲料搅拌机，采用全混合日粮饲喂技术。

4. 青贮设施

青贮窖的容积根据肉牛头数、年饲喂青贮料的天数、日喂量、青贮饲料的单位体积重量来定。一般情况下，玉米秆上梢 460 千克/米^3，老玉米秆 480 千克/米^3，全株玉米 600 千克/米^3。

青贮窖的宽度要与牛的存栏数相适应，青贮坑横截面大，每天取青贮少，就易造成青贮二次发酵，影响青贮的品质。为了维持青贮窖截面的青贮饲料质量，应该选择合适的立面尺寸（宽度和高度），以便饲草每日至少取出 15 厘米高度。尤其是夏季，由于气温的关系，青贮极易发生二次发酵。所以在夏季每天取青贮横截面不少于 20 厘米，取料时不得破坏坑的完整性，尽量沿横截面取，不能掏坑取。高温季节青贮玉米秸秆的二次发酵，致使青贮腐败变质，造成营养成分的减少，在高温季节越优质的青贮饲料越易引起青贮的二次发酵。用这样的青贮大量饲喂牛，会使牛下痢，牛尿中排出的氮增加，体内氮蓄积减少，净能效益降低。长期饲喂母牛可发生不孕、流产。因此，规模大的牛场最好配备专用的机器设备切割青贮装车。

在建造青贮窖时还要考虑出窖时运输方便，减少劳动强度。

5. 草棚

干草棚尽可能设在下风向地段，与周围房舍至少保持 50 米距离，单独建造，既防止散草影响牛舍环境美观，又要达到防火安全。草棚内外的线路要有特殊的设计要求，以防止由于电线短路导致的火灾发生。草棚的设计高度要充足，屋内保证装卸草车进出的畅通。对机动车进入草棚要有一系列的防火措施，以免机动车喷出的火花引发火灾。

四、辅助设施

1. 资料档案室

资料档案室存放各种技术资料、操作规程、规章制度、牛群购销、疫病防治、饲料采购、人员雇佣等生产管理档案。考虑到各种档案来源的部门不同，也可分别存放在不同的使用部门，但一定要存放在档案专柜。

2. 兽医室和人工授精室

标准化母牛繁育场要有兽医室和人工授精室，人工授精室要靠近母牛舍，为了工作联系方便不应与兽医室距离太远。可将常规兽医室和人工授精室设置在一起，在病畜隔离区另设置简单的传染病兽医室。有多栋牛舍的大规模繁育场，需在每栋牛舍或运动场内安装保定架，进行人工授精、修蹄等简单的兽医处理。

常规兽医室和人工授精室应建在生产区的较中心部位，以便及时了解、发现牛群发病、发情情况。兽医室应设药房、治疗室、值班室，有条件的可增设化验室、手术室和病房。人工授精室内应设置精液稀释和检测精子活力的操作台、显微镜及人工授精保定架等设施。

3. 装牛台、地磅

配备20吨左右地磅，用于收购饲草、肉牛购入与销售、架子牛销售、牛的定期称重。

在不干扰牛场营运且车辆转运方便的地方设置装牛台，装牛台要求距离牛舍不宜过远，台高与车厢齐高，并设有缓坡与平台相连。牛只经过缓坡走上平台进入车厢。

4. 专用更衣室

在生活区和生产区设置专用更衣室，专用更衣室与消毒室相邻，配备紫外线灯。备有罩衣、长筒胶靴和存衣柜等，外来人员更衣换靴后方可进入。

五、运动场内的设施

1. 运动场围栏

运动场围栏用钢筋混凝土立柱式铁管，立柱间距为3米，立柱高度应高于地面1.3～1.4米，横梁3～4根。电围栏或电牧栏也比较方便，尤其是牧区应用较多。它由电压脉冲发生器和铁丝围栏组成。高压脉冲发生器放出数千伏至1万伏的高电压脉冲通向围栏铁丝，当围栏内的家畜触及围栏铁丝时就受到高电压脉冲刺激而退却，不再越出围栏范围。由于放电电流小，时间短（1%秒以内），人畜不会受到伤害。

2. 运动场设饮水槽

应在运动场边设饮水槽，按每头牛20厘米计算水槽的长度，槽深60厘米，水深不超过40厘米，供水充足，保持饮水新鲜、清洁。

3. 运动场凉棚

为了夏季防暑，凉棚长轴应东西向，并采用隔热性能好的棚顶。凉棚面积一般每头成年牛为3~4米^2。

可借运动场四周植树遮阳，在运动场的南、东、西三侧，应设1~2行遮阳林。一般运动场边遮阳林选用的树种应该是树冠大，长势强，枝叶开阔，夏天茂密，而冬季落叶后枝条稀少，如杨树、法国梧桐等，也可设计采用藤架，种植爬墙藤生植物。当外界温度为27~32℃时，林下温度要比外界温度低5℃，当外界温度达到33~35℃时，林下温度要比外界温度低5~8℃。

4. 运动场补饲槽

运动场内的补饲槽应设置在运动场一侧，其数量要充足，布局要合理，以免牛争食、顶撞。补饲槽设在运动场靠近牛舍门口，便于把牛吃剩的草料收起来放到补饲槽内。

第三节　牛场的管理制度与记录

一、饲料供应管理

使用精料补充料，有粗饲料供应和采购计划或牧场实行划区轮牧制度、季节性休牧制度、建有人工草场。饲料管理的好坏不仅影响到饲养成本，而且对母牛的健康和生产性能具有影响。科学地保管饲料，不会造成饲料发霉变质、脂肪氧化增多、虫蛀、鼠害等现象。

1. 合理的计划

按照全年的需要量，对所需的各种饲料提出计划储备量。在制订下一年的饲料计划时，需知道牛群的发展情况，主要是牛群中的成年母牛数、青年牛数、育肥牛数，测算出每头牛的日粮需要及组成（营养需要量），再累计到月、年需要量。编制计划时，在理论计算值的基础上提高 15% ~20% 为预计储备量。饲草储存量应满足 3 ~6 个月生产需要用量的要求，精饲料的储存量应满足 1 ~2 个月生产用量的要求。

2. 饲料的供应

了解市场的供求信息，熟悉产地，摸清当前的市场产销情况，联系采购点，把握好价格、质量、数量、验收和运输，对一些季节性强的饲料、饲草，要做好收购后的储藏工作，以保证不受损失。

3. 加工和储藏

玉米（秸秆）青贮的制备要按规定要求，保证质量。青贮窖要防止漏水，不然易发生霉变。精料加工需符合生产工艺规定，混合均匀，加工为成品后应在 10 天内喂完，每次发 1 ~2 天的量，特别是潮湿季节，要注意防止霉变。干草本身要求干燥无泥，棚顶不漏水，否则会引起霉变，还要注意防火灾。青绿多汁料，要逐日按次序将其堆好，堆码时不能过厚过宽，尤其是青菜类，在高温下堆积过久，牛大量采食后易发生亚硝酸盐中毒。

4. 饲料的合理利用

根据不同生理时期、不同年龄、不同生产要求的牛群对营养的需求不同，配制不同日粮，既满足牛的营养需要，也不浪费饲料。

5. 定期考核饲料利用率

对牛群供应的饲料是否合理，要经常对牛群进行分析，育成牛的生长发育情况，育成牛的增重效果，成年牛的体膘和繁殖情况。

二、疫病防治制度

1. 消毒防疫制度

应制订消毒防疫制度并上墙。包括消毒防疫制度、兽医室工作制度、废弃物分类收集处理制度等。

2. 免疫接种计划

有口蹄疫等国家规定疫病的免疫接种计划，记录完整。

根据本地区传染病发生的种类、季节、流行规律，结合牛群的生产、饲养、管理和流动情况，按需要制订相应的免疫程序，做到实时预防接种。目前，可用于牛免疫的疫苗有口蹄疫灭活疫苗、牛布氏杆菌苗、无毒炭疽芽孢苗（炭疽芽孢Ⅱ号苗）、气肿疽明矾菌苗、破伤风类毒素、牛出血性败血症氢氧化铝菌苗、狂犬病疫苗、伪狂犬病疫苗、牛流行热疫苗、牛病毒性腹泻疫苗、牛传染性鼻气管炎疫苗等。

牛场应按照国家有关规定和当地畜牧兽医主管部门的具体要求，对结核病、布鲁氏菌病等传染性疾病进行定期检疫。

3. 肉牛常见病预防治疗规程

肉牛常见病预防治疗规程有预防、治疗肉牛常见病规程。如肉牛运输应激综合征的防控技术规程、布鲁氏杆菌病的检测与净化操作规程、产后保健技术规程等。

4. 兽药使用记录

要有完整的兽药使用记录，包括适用对象、使用时间和用量记录。

三、生产记录

1. 科学的饲养管理操作规程

科学的饲养管理操作规程应包含以下内容：肉牛的日常饲养管理要点、繁殖期母牛的饲养管理、犊牛的饲养管理、育成母牛的饲养管理、人工授精技术操作规程、胚胎移植技术操作规程。

2. 完整的生产记录

完整的生产记录包括产犊记录、牛群周转、日饲料消耗及温湿度等环境条件记录。

（1）购牛时有动物检疫合格证明。如果是从国外进口的牛，要有进口的各项手续。

（2）牛群周转记录包括品种、来源、进出场的数量、月龄、体重。

（3）繁殖记录包括母牛品种、与配公牛、预产日期、产犊日期、犊牛初生重。

3. 饲料消耗记录

有完整的精、粗饲料消耗记录。

四、档案管理

1. 牛场档案管理

完整的档案记录包括以下内容。

（1）肉牛的品种、数量、繁殖记录、标识情况、来源和进出场日期。

（2）饲料、饲料添加剂、兽药等投入品的来源、名称、使用对象、时间和用量。

（3）检疫、免疫、消毒情况。

（4）畜禽发病、死亡和无害化处理情况。

（5）国务院畜牧兽医行政主管部门规定的其他内容。

2. 母牛个体档案管理

肉牛母牛个体档案的主要内容包括：户（场）名、编号、品种（杂交牛标明主要父本和主要母本）、体重、体尺（包括体高、体斜长、胸围、管围）、出生年月、胎次、配种时间、预产日期、与配公牛品种及编号、产犊时间、性别、出生重、犊牛编号、规定疫病检免疫时间、产科病病史。

3. 个体标识

个体标识是对牛群管理的首要步骤。个体标识有耳标、液氮烙号、条形码、电子识别标志等，目前常用的主要是耳标识牌。这里建议表示牌数字采用18位标识系统，即：

2位品种+3位国家代码+1位性别+12位顺序号

顺序号由12位阿拉伯数码，由4部分组成，前2位是省区代码，第3~6位是牛场代码，7~8位是出生年份，9~12位是年内顺序。

（1）省、区号的确定。按照国家行政区划编码确定各省（市、区）编号，由2位数码组成，第1位是国家行政区划的大区号，例如，北京市属“华北”，编码是“1”，第2位是大区内省市号，“北京市”是“1”。因此，北京编号是“11”。全国各省区编码见表1-2。

表1－2　中国牛只各省（市、区）编号表

省（区）市	编码	省（区）市	编码	省（区）市	编码
北京	11	安徽	34	贵州	52
天津	12	福建	35	云南	53
河北	13	江西	36	西藏	54
山西	14	山东	37	重庆	55
内蒙古	15	河南	41	陕西	61
辽宁	21	湖北	42	甘肃	62
吉林	22	湖南	43	青海	63
黑龙江	23	广东	44	宁夏	64
上海	31	广西	45	新疆	65
江苏	32	海南	46	台湾	71
浙江	33	四川	51		

（2）省、区号的确定。品种代码采用与牛只品种名称（英文名称或汉语拼音）有关的两位大写英文字母组成，见表1－3。

表1－3　中国牛只品种代码编号表

品种	代码	品种	代码	品种	代码
赫斯坦牛	HS	利木赞	LM	肉用短角	RD
沙西瓦	SX	莫累灰	MH	夏洛来	XL
娟珊牛	JS	抗旱王	KH	海福特	HF
兼用西门塔尔	DM	辛第红	XD	安格斯	AG
兼用短角	JD	婆罗门	PM	复州牛	FZ
草原红牛	CH	丹麦红牛	DM	尼里/拉菲水牛	NL
新疆褐牛	XH	皮埃蒙特	PA	比利时兰	BL
三和牛	SH	南阳牛	NY	德国黄牛	DH
肉用西门塔尔	SM	摩拉水牛	ML	秦川牛	QC
南德文	ND	金黄阿奎丹	JH	延边牛	YB
蒙贝里亚	MB	鲁西黄牛	LX	晋南牛	JN

（3）编号的使用及说明。

①各省（市、区）内种公牛站编号为3位数，这个编号由全国畜牧总站核准，组织已获得《种畜禽生产经营许可证》的种公牛站和相关育种场统一实施。在此之前的“全国种公牛站统一编码表”仍然有效，但要注意区分牛场编号。

②牛场编号，4位数。不足四位数以0补位。

③牛只出生年度的后2位数，例如2002年出生即写成“02”。

④牛只年内出生顺序号4位数，不足4位的在顺序号前以0补齐。

⑤公牛为奇数号，母牛为偶数号。

⑥在本场、种公牛站进行登记管理时，可以仅适用6位牛只编号。牛号必须写在牛只个体标示牌上，耳牌佩戴在左耳。

⑦在牛只档案或谱系上必须使用12位标示码；如需与其他国家，其他品种牛只进行比较，要使用18位标示系统，即在牛只编号前加上2位品种编码，3位国家代码和1位性别编码。

⑧对现有的在群牛只进行登记或编写系谱档案等资料时，如现有牛号与以上规则不符，必须使用此规则进行重新编号，并保留新旧编号对照表。

五、专业技术人员配备

有1名以上经过畜牧兽医专业知识培训的技术人员，持证上岗。大规模的母牛繁育场兽医人员不得对外服务。对于标准化的母牛繁育场，配备本场的兽医技术人员很关键，对于大规模肉牛场，配备本场的畜牧管理人员，尤其是精通营养调配的技术人员，可以产生很大的经济效益。

第四节　牛场的环保要求

一、粪污处理

有固定的牛粪储存、堆放场所，并有防雨、防渗漏、防溢流措施。牛粪的堆放和处理位置必须远离各类功能地表水体（距离不得小于400米），设在养殖场生产及生活管理区常年主导风向的下风向或侧风向处。

1. 贮粪场

贮粪场一般设在牛场的一角，并自成院落，对外开门，以免外来拉牛粪的车辆出入生产区。贮粪场做成水泥地面，并带棚。

2. 粪便处理设备

根据本场实际情况，选择沼气池、化粪池、堆积发酵池、有机肥生产线等粪便处理设施，达到农牧结合。

3. 粪便及废弃物处理方法

粪污处理和利用模式有沼气生态模式、种养平衡模式、土地利用模式、达标排放模式等。

（1）养殖场（小区）应实行粪尿干湿分离、雨污分流、污水分质输送，以减少排污量。对雨水可采用专用沟渠、防渗漏材料等进行有组织排水。对污水应用暗道收集，改明沟排污为暗道排污。

（2）应尽量采用干清粪工艺，节约水资源，减少污染物排放量。

（3）粪便要日产日清，并将收集的粪便及时运送到储存或处理场所。粪便收集过程中必须采取防扬散、防流失、防渗透等工艺。

(4) 粪便经过无害化处理后可作为农家肥施用，也可作为商品有机肥或复混肥加工的原料。未经无害化处理的粪便不得直接施用。

(5) 固体粪便无害化处理可采用静态通风发酵堆肥技术。粪便堆积保持发酵温度50℃以上，时间应不少于7天；或保持发酵温度45℃以上，时间不少于14天。

二、病死牛处理

配备焚尸炉或化尸池等病死牛无害化处理设施。病死牛及医疗垃圾处理的原则：消除污染，避免伤害的原则；统一分类收集、转运的原则；集中处置的原则；严禁混入生活垃圾排放的原则；在焚烧处理过程中严防二次污染，必须达标排放的原则；病死动物尸体“四不处置”原则，即对病死动物尸体一不宰杀、二不销售、三不食用、四不运输，并将病死动物尸体进行无害化处理。

第五节　牛场的生产水平

一、繁殖管理

母牛繁育场的繁殖管理就是保证母牛妊娠、分娩、泌乳、再妊娠，使繁育母牛头数增加，品质提高。

1. 繁殖记录

母牛繁殖管理的一个主要工作是做好繁殖育种记录，繁殖记录主要内容包括：公母牛号、发情情况（日期、状况、发情鉴定）、配种情况（日期、配种人员、输精次数）、妊娠鉴定情况、预产期、产犊情况、疾病治疗等，做到每头牛1张卡片，具体的繁殖记录有以下几方面。

（1）发情记录。发情日期、开始时间、持续时间、性欲表现、阴道分泌物状况等。

（2）配种记录。配种日期、第几次配种、与配公牛号、输精时间、输精量（或输精次数）、精子活率、子宫和阴道健康状况、排卵时间、配种人员等。

（3）妊娠记录。妊娠日期、结果、处理意见、预产期等。

（4）流产记录。胎次、配种日期、与配公牛、不孕症史、配种时子宫状况、流产日期、妊娠月龄、流产类型、流产后子宫状况、处理措施、流产后第1次发情日期、第1次配种日期、妊检日期等。

（5）产犊记录。胎次、与配公牛、产犊日期、分娩情况（顺产、接产、助产）、胎儿情况（正常胎儿、死胎、双胎、畸形）、胎衣情况、母牛健康状况、犊牛性别、编号、体重等。

（6）产后监护记录。分娩日期、检查日期、检查内容、临床状况、处理方法、转归日期等。

（7）兽医诊断及治疗记录。包括各种疾病和遗传缺陷。

2. 母牛繁殖计划——配种产犊计划

制订配种产犊计划，可以明确一年内各月参加配种的母牛数和分娩母牛数，便于组织和计划生产，它是完成繁殖任务、调节生产需要、制定育种计划以及提高养牛业经济效益的必要管理措施。配种产犊计划的内容包括牛号、胎次、年龄、生产性能、产犊日期、计划配种日期和实际配种日期、与配公牛、预产期等。

母牛的产犊通常有均衡性分娩和季节性分娩2种类型，均衡性分娩是指各月份均有母牛分娩，一年中各月份分娩母牛较均衡；季节性分娩是指集中在某季节分娩，如春季或秋季。具体采用哪一种配种产犊计划，应根据不同生产方向、气候条件、饲料供应、产品需求及育种方向和某些母牛特点而定。

3. 母牛繁育场日常繁殖管理工作

(1) 母牛繁育场要建立繁殖管理板，有条件的牛场要进行计算机管理，这样可使全场每头母牛产犊、配种、妊娠等时间和预期基本情况如犊牛、育成牛的日龄、月龄以及全群各类牛组成一目了然，非常实用。

(2) 要随时了解牛群的繁殖情况，通过计算第一情期受胎率、总受胎率、繁殖率等有效方法分析总结繁殖成绩，从而掌握母牛的营养、健康、生殖状况以及配种员的技术水平，并与设置的管理指标对比，可进行绩效管理。

(3) 建立繁殖记录制度。建立繁殖月报、季报和年报制度，并要求配种技术员或兽医工作者例行下列生殖道检查工作。

①母牛产后 14 ~28 天检查 1 次子宫复位情况，对子宫恢复不良的母牛连续检查，直到可以配种为止。

②对阴道分泌物异常的牛和发情周期不正常的牛，应进行记录，并给予治疗。

③断奶后 30 天以上不发情的牛，应查明原因，予以治疗。

④对配种 60 天以上的牛进行妊娠检查。

二、母牛场繁殖技术指标

母牛标准化养殖场必须达到的繁殖技术指标有：繁育场或牧场的母牛繁殖率要达到 80% 以上，犊牛成活率要达到 95% 以上。

繁殖率是指本年度内出生的犊牛数占上年度终能繁殖母牛数的百分比。反映发情、配种、受胎、妊娠、分娩等生殖活动机能及管理水平。犊牛成活率指断奶时成活的犊牛数占出生时活犊牛数的百分率。反映母牛的泌乳力和带犊能力及饲养管理成绩。

第二章 肉牛标准化繁殖的理论基础

第一节　母牛的生殖器官和生理功能

母牛的生殖器官包括卵巢、输卵管、子宫、阴道、尿生殖前庭、阴唇、阴蒂。前 4 部分称为内生殖器，后 3 部分称为外生殖器（或外阴部）。

一、卵巢

1. 卵巢的形态

卵巢平均长 2～3 厘米，宽 1.5～2 厘米，厚为 1.0～1.5 厘米。卵巢的形状、大小及解剖组织结构随年龄、发情周期和妊娠而变化。超数排卵的母牛，卵巢体积可变得很大，常常可达 5 厘米 ×4 厘米 ×3 厘米，甚至更大。

2. 卵巢的功能

母牛卵巢的功能是分泌激素和产生卵子，包含 1 个卵子和周围细胞的卵巢结构，叫做卵泡。在发情周期，卵泡逐渐增大，发情前几天，卵泡显著增大，分泌雌激素增多。发情时通常只有1个卵泡破裂，释放卵子，留在排卵点的卵泡壁细胞迅速增殖，在卵巢上形成另一个主要的结构叫做黄体。黄体主要分泌孕酮，维持妊娠。

二、输卵管

输卵管是卵子受精及受精卵进入子宫的管道，2条输卵管靠卵巢的一端扩大成漏斗状结构称为输卵管伞，输卵管伞部分包围着卵巢，特别是在排卵的时候。卵子受精发生在输卵管的上半部(壶腹部)，已受精的卵子（即合子）继续留在输卵管内3~4天。输卵管另一端与子宫角的接合点充当阀门的作用，通常只在发情时才让精子通过，并只允许受精后3~4天的受精卵进入子宫。

三、子宫

母牛的子宫包括子宫角、子宫体、子宫颈3部分。子宫角先向前下方弯曲，然后转向后上方。2个子宫角基部汇合在一起形成子宫体，子宫体后方为子宫颈。子宫是精子向输卵管运行的渠道，也是胚胎发育和胚盘附着的地点。子宫是肌肉发达的器官，能大大扩张以容纳生长的胎儿，分娩后不久又迅速恢复正常大小。

1. 子宫角

子宫角长20~40厘米，角基部粗1.5~3厘米。经产牛比未产牛明显要长些、粗些。子宫角存在两个弯曲，即大弯和小弯。两个子宫角汇合的部位，有一个明显的纵沟状的缝隙，称角间沟。

在子宫黏膜上有突出于表面的子宫肉阜（约100个），在没怀孕时很小，怀孕后便增大，称子叶。

子宫壁的组织学构造为3层，外层为浆膜层，中为肌肉层，内为黏膜层，黏膜层具有分泌作用。

2. 子宫颈

子宫颈是子宫与阴道之间的部分。子宫颈阴道部突出于阴道内约2厘米，黏膜上有放射状皱褶，称子宫颈外口。

子宫颈由子宫颈肌、致密的胶原纤维及黏膜构成，形成厚而紧的皱褶，有2～5个横向的新月形皱褶，彼此嵌合，使子宫颈管呈螺旋状，通常情况下收缩得很紧，发情时稍有松弛，这种结构有助于保护子宫不受阴道内很多有害微生物的侵入。

子宫颈黏膜里的细胞分泌黏液，子宫颈中充满着子宫颈黏液，宫颈黏液的数量和理化性质受卵巢激素调节而发生周期性的变化。在发情期间其活性最强，在妊娠期间，黏液形成栓塞，封锁子宫口，使子宫不与阴道相通，以防止胎儿脱出和有害微生物入侵子宫。

四、阴道

阴道把子宫颈和阴门连接起来，是自然交配时精液注入的地点。阴道前段腔隙扩大，在子宫颈阴道周围形成阴道穹窿。后端止于阴瓣（亦称处女膜）。阴道是交配器官，也是交配后的精子库。阴道的生化和微生物环境能保护生殖道不遭受微生物入侵。

五、外生殖器官

1. 尿生殖前庭

由阴瓣到阴门之间的部分，它的前端由阴瓣与阴道连接，在腹侧壁阴瓣后方有尿道开口。在向阴道内插管时，方向要向前上方，否则插管会误入尿道。

2. 阴唇

环绕阴道口的两对唇状组织。两片阴唇中间形成一个缝，称阴门裂。

3. 阴蒂

在阴门下内包含有一球形凸起物即阴蒂，阴蒂黏膜上有感觉神经末梢。

第二节　母牛的繁殖特性

一、发情与排卵

1. 母牛发情与其他动物的不同之处

（1）发情期短。牛从一次排卵到下次排卵的间隔时间（发情周期）平均为 21 天，与马、猪、山羊差不多，但牛的发情期最短，一般为 11 ~ 18 个小时，给发情鉴定带来困难，稍不注意，就会错过配种时间。

（2）对雌激素敏感。当牛有发情的表现时，卵巢上的卵泡体积很小，在有发情表现的初期，不易从直肠中触摸到。给牛注射少量的雌激素即能引起表现发情，也说明牛对雌激素是很敏感的。因此牛发情时的精神状态和行为表现都比马、羊、猪强烈而明显，这就为目测发情提供了方便。

（3）卵泡发育时间短、过程快。牛的卵泡从出现到排卵历时约30个小时，所经历的时间比母马卵泡发育过程中的一个发育阶段还要短，如果人为地划分牛卵泡发育的阶段，在检查间隔时间稍长时，往往不能摸到其中的某一阶段，所以直肠检查发情状态的重要性远不如马、驴的大。

（4）排卵滞后。马、驴、羊、猪等家畜在没有排卵时，卵泡中还有大量的雌激素分泌，雌激素可使发情的精神、行为表现到排卵，雌激素水平降低之后才消失，牛却不然。牛的排卵发生在发情的精神表现结束后10～12小时，这是由于牛的性中枢对雌激素的反应很敏感，在敏感反应之后接着进入不应期，在牛性中枢进入不应期后即使血液中有大量雌激素流到性中枢，性中枢对雌激素已不起反应，牛的这一特点给发情后期的自然交配带来困难（拒绝交配），也给人工授精带来不便（输精时不安静，不利于操作）。

（5）排卵后阴门出血。发情时，血中雌激素的分泌量增多，使母牛子宫黏膜内的微血管增生，进入黄体期后，血中雌激素的浓度急剧降低，引起血细胞外渗，所以母牛发情结束后1～3天内，特别是第2天，可以从外阴部看到排出混有血迹的黏液，这种现象在处女牛中有80%～90%，经产牛有45%～65%。

（6）产后发情晚，不能热配。马、驴可在产后10天左右发情配种，俗称热配，牛则不行。不过，现在也有人尝试对母牛进行热配。

2. 发情与排卵规律

牛为全年多次周期发情。温暖季节，发情周期正常，发情表现明显。在天气寒冷、营养较差情况下，牛将不表现发情。牛的发情周期约为21天。壮龄牛、营养体况较好的牛，发情周期较为一致，而老龄牛以及营养体况较差的牛发情周期较长。

发情周期的出现是卵巢周期性变化的结果。而卵巢周期变化受丘脑下部、垂体、卵巢和子宫等所分泌激素相互作用的调控。在母牛的一个发情周期中，卵巢上的卵泡是以卵泡发育波的形式连续出现的。卵泡发育波是指一组卵泡同步发育。在1个卵泡发育波中，只有1个卵泡发育最快，成为该卵泡发育波中最大的卵泡，称为优势卵泡。其余的次要卵泡发育较慢、较小，一般迟于优势卵泡1~2天出现，且只能维持1天即退化。牛的1个发情周期中出现2个卵泡发育波较多见，个别牛有3个卵泡发育波。在多个卵泡波中，只在最后一个卵泡波中的优势卵泡能发育成熟并排卵，其余的卵泡均发生闭锁。卵泡的生长速度并不受同侧卵巢是否有黄体的影响，所以，黄体可以连续2次在同侧卵巢上出现。

卵泡的这种周期性活动一直持续到黄体退化为止。在黄体溶解时存在的那个优势卵泡就成为该发情周期的排卵卵泡，它在黄体溶解后继续生长发育，直至排卵。有2次卵泡发育波的，排卵的优势卵泡在发情的第10天出现，经11天发育后排卵，发情周期为21天。有3个卵泡发育波的，排卵的优势卵泡在发情周期的第16天出现，但只经7天发育即排卵，发情周期为23天。

一般根据卵巢上卵泡发育、成熟和排卵及黄体形成和退化2个阶段，将发情周期分为卵泡期和黄体期。卵泡期是指卵泡开始发育至排卵的时间，黄体期指卵泡破裂排卵后形成黄体，直到黄体开始退化的时间。母牛发情周期的分期及其生理变化见表2－1。

表 2-1　母牛发情周期的分期及其生理变化

阶段划分及天数	卵泡期		黄体期		
	发情前期	发情期	发情后期	间情期	发情前期
	18、19、20	21、1	2、3、4、5	6～15	16～17
卵巢	黄体退化，卵泡发育、生长成熟，分泌雌激素，发情结束后排卵		黄体形成、发育并分泌孕酮，无卵泡迅速发育		黄体退化
生殖道	轻微充血、肿胀，腺体活动增加	充血、肿胀，子宫颈口开放，黏液流出	充血，肿胀消退，子宫颈收缩，黏液少而黏稠	子宫内膜增生，间情期早期分泌旺盛	子宫内膜及腺体复旧
全身反应	无交配欲	有交配欲	无交配欲		

二、发情周期的内分泌调控

发情周期的规律性变化是生殖内分泌调节的结果，与发情周期有关的激素有促性腺激素释放激素（GnRH）、促卵泡释放激素（FSH）、促黄体释放激素（LH）、雌激素（主要为雌二醇，E_2）、孕激素（主要为孕酮）及前列腺素（PG）等。

1. 卵泡的发育与雌激素的分泌

在垂体 GnRH 的作用下，卵泡发育并产生雌激素。随着雌激素在血液中浓度的上升，促进母畜的发情表现，同时反馈引起 GnRH 的大量释放，使血液中 GnRH 的浓度急剧上升，这一排卵前的 GnRH 峰是诱发卵巢上成熟卵泡排卵的诱因。

2. 黄体的形成与退化

在发情前期，血中孕酮水平最低，排卵前的成熟卵泡颗粒层细胞在 GnRH 峰的作用下分泌孕酮，排卵后则随着卵泡细胞分化成黄体细胞，血中孕酮的水平上升。LH 对孕酮的分泌是必不可少的，如果没有妊娠，子宫内膜产生的 $PGF_{2\alpha}$ 浓度上升，通过子宫静脉透入卵巢动脉，进入卵巢，引起黄体退化。

三、受精过程

受精是指精子与卵子相遇，精子穿入卵子，激发卵子，形成雄性和雌性原核并融合在一起，形成一个具有双亲遗传性的细胞——合子的过程。这一过程包括以下几个环节。

1. 精子、卵子受精前的准备

公牛在交配时，将精液射入母牛的子宫颈口附近。因此，精子到达受精部位需要有一个运行的过程，精子运行的动力来自本身的运动，但主要借助母牛生殖道的收缩和蠕动。处在发情期母牛的生殖道收缩更强烈，精子运行很快，只需数分钟到数十分钟，即可到达受精部位。但进入母畜生殖道的精子，并不能马上和卵子结合完成受精，而必须经过和母牛生殖道分泌物，确切讲是存在于发情期前后 2 天的输卵管液中的获能因子混合，做某种生理上的准备，如除掉精子头部质膜上的去能因子（或抗受精素）、引发顶体反应（即精子头部质膜反生形态上改变的同时，激活顶体中含有的顶体酶）等后，才能获得受精能力。卵子在排出后，随卵泡液进入输卵管伞后，借输卵管纤毛的颤动、平滑肌的收缩以及腔内液体的作用，向受精部位运行，经 8 ~ 10 小时到达受精部位壶腹部，在此处与壶腹部的液体混合后，卵子才具有受精能力。

一般牛的精子存活时间为 15 ~ 24 小时，卵子为 8 ~ 12 小时。所以受精最好赶在母牛排卵前，以便受精时，在受精部位有活力旺盛的精子等候卵子。

2. 受精生理过程

正常的受精过程大体是：首先，当精子、卵子在输卵管上 1/3 处的壶腹部相遇后，精子顶体释放一种透明质酸酶溶解卵子周围的放射冠细胞。进入放射冠的精子，顶体能分泌一种叫顶体素的酶，在包围卵子的透明带上溶出一条通道而穿入透明带内，触及卵黄膜，激活处于休眠状态的卵子，同时卵内发生收缩，释放某种物质，引发透明带反应，阻止后来的精子再进入透明带。接着精子进入卵黄，立即引起卵黄膜产生一种变化，拒绝新的精子进入卵黄，此即为卵黄的封闭作用。进入卵黄的精子尾部脱落，头部膨大变圆，形成雄原核，不久，卵子进行第2次成熟分裂，排出第2个极体，形成雌原核。两性原核形成后，相互移动，彼此接近，随即便融合在一起。核仁、核膜消失，来自父、母双亲的2组染色体合并为1组。至此，受精即告结束，受精后的卵子称为合子。

四、妊娠与分娩的生理变化

（一）妊娠

1. 妊娠过程

牛受精卵在壶腹部停留到排卵后72小时，于第5天进入子宫。7～8天包围受精卵的透明带崩解，12～13天，胚泡呈椭圆形或管状，继而迅速成长为带状。发育着的胚泡长出绒毛膜，内含液体悬着胚胎，营养物质即可从母体子宫经过脐带进入胚胎，绒毛迅速延长，第15天占有原子宫角长度的2/3，第20天开始进入另一子宫角，30～35天绒毛膜和子宫黏膜通过胎盘建立牢固的联系。胎膜在180～210天以前生长很快，而胎儿在妊娠120天以后迅速生长，但增重最快是在妊娠的最后1个月。在配种后约280天分娩。一般肉牛的妊娠期比乳牛长，怀双胎母牛的妊娠期缩短3～6天。怀公犊的妊娠期比怀母犊平均长1天。2岁左右牛的妊娠期比成年母牛的妊娠期平均也长1天。冬、春季分娩的牛，妊娠期则要比夏、秋季的平均长3天左右。

2. 胎膜和胎盘

胎膜是胎儿本体以外包被着胎儿的几层膜的总称，是胎儿在母体子宫内发育过程中的临时性器官，其主要作用是与母体间进行物质交换，并保护胎儿的正常生长发育。胎膜主要包括卵黄膜、羊膜、尿膜、绒毛膜。卵黄膜存在时间很短，至28～50日龄即完全消失，羊膜在最内侧，环绕着胎儿，形成的羊膜腔内有羊水，最外层为绒毛膜，3种膜因相互紧密接触分别形成了尿膜羊膜、尿膜绒毛膜和羊膜绒毛膜。尿膜羊膜和尿膜绒毛膜共同形成一个腔称为尿膜腔，内有尿水。羊膜腔内的羊水和尿膜腔内的尿水总称为胎水，它的作用包括：保护胎儿的正常发育，防止胎儿与周围组织或胎儿本身的皮肤相互粘连，分娩时为产道天然的润滑剂，以利于胎儿排出。胎盘通常是指由尿膜绒毛膜与子宫黏膜发生联系所形成的特殊构造，其中尿膜绒毛膜部分为胎儿胎盘，子宫黏膜部分为母体胎盘。胎盘上有丰富的血管，是一个极其复杂的多功能器官，具有物质转运、合成、分解、代谢、分泌激素等功能，以维持胎儿在子宫内的正常发育。牛的胎盘为子叶型胎盘，胎儿子叶上的绒毛与母体子叶上的腺窝紧密契合，胎儿子叶包着母体子叶。胎儿与胎膜相联系的带状物称为脐带。牛的脐带长30～40厘米，内有1条脐尿管、2条脐动脉和2条脐静脉等，动、静脉快到达尿膜绒毛膜时，各分为2支，再分成一些小支进入绒毛膜，又分成许多小支密布在尿膜绒毛膜上。

（二）妊娠期间母牛的生理变化

妊娠期间，母牛的内分泌、生殖器官系统发生明显的变化，以维持母体和胎儿之间的平衡。

1. 内分泌

妊娠期间，内分泌系统发生明显改变，各种激素协调平衡以维持妊娠。

（1）雌激素。较大的卵泡和胎盘能分泌少量的雌激素，但维持在最低水平。分娩前分泌增加，到妊娠9个月时分泌明显增加。

（2）孕激素。在妊娠期间不仅黄体分泌孕酮，而且肾上腺、胎盘组织也能分泌孕酮，血液中孕酮的含量保持不变，直到分娩前数天孕酮水平才急剧下降。

（3）促性腺激素。在妊娠期间由于孕酮的作用，使垂体前叶分泌促性腺激素的机能逐渐下降。

2. 生殖器官的变化

由于生殖激素的作用，胎儿在母体内不断发育，促使生殖系统也发生明显的变化。

（1）卵巢。如果配种没有妊娠则黄体消退，若配种妊娠后则黄体成为妊娠黄体继续存在，并以最大的体积维持存在于整个妊娠期，持续不断地分泌孕酮，直到妊娠后期黄体才逐渐消退。

（2）子宫。在妊娠期间，随着胎儿的增长，子宫的容积和重量不断增加，子宫壁变薄，子宫腺体增长、弯曲。

（3）子宫颈。妊娠后子宫括约肌收缩、紧张，子宫颈分泌的化学物质发生变化，分泌的黏液稠度增加，形成子宫颈栓，把子宫颈口封闭起来。

（4）阴道和外阴部。阴道黏膜变成苍白，黏膜上覆盖有从子宫颈分泌出来的浓稠黏液。阴唇收缩，阴门紧闭，直到临分娩前变为水肿而柔软。

（5）子宫韧带。子宫韧带中平滑肌纤维及结缔组织增生变厚，由于子宫重量增加，子宫下垂，子宫韧带伸长。

（6）子宫动脉。子宫动脉变粗，血流量增加，在妊娠中、后期出现妊娠脉搏。

3. 体况的变化

初次妊娠的青年母牛，在妊娠期仍能正常生长。妊娠后新陈代谢旺盛，食欲增加，消化能力提高，所以，母畜的营养状况改善，体重增加，毛色光润。血液循环系统加强，脉搏、血流量增加，供给子宫的血流量明显增大。

（三）分娩期间生理特点

母牛在分娩过程中由于产道、胎儿及胎盘的特点表现出的特点有：第一，产程长，容易发生难产。这是因为牛的骨盆中横径较小，髂骨体倾斜度较小，造成骨盆顶部能活动部分即髂关节及荐椎靠后，当胎儿通过骨盆时，其顶部不易向上扩张。骨盆侧壁的坐骨上棘很高，而且向骨盆内倾斜，也缩小了骨盆腔的横径。附着于骨盆侧壁及顶部的荐坐骨韧带窄短，使骨盆腔不易扩大。牛的骨盆轴呈 S 状弯曲，胎儿在移动产出过程中须随这一曲线改变方向，而延长了产程。骨盆的出口由于坐骨粗大，且向上斜，妨碍了胎儿的产出。胎儿较大：胎儿的头部、肩胛围及骨盆围较其他家畜大，特别是头部额宽，是胎儿最难产出的部分。一般肉用初产母牛难产率较高，产公犊的难产率比产母犊的高；母牛分娩时的阵缩及努责较弱。第二，胎膜排出期长，易发生滞留。牛的胎盘属于上皮绒毛膜与结缔组织绒毛膜混合型，绒毛和子宫阜的腺窝结缔组织粘连，胎儿、胎盘包被着母体胎盘，子宫阜上缺少肌纤维的收缩，另外，母体胎盘呈蒂状突出于子宫黏膜，子宫肌的收缩不能从母体胎盘上脱落下来，所以胎膜的排出时间短者需要 3 ~5 小时，长者则需 10 多小时。长时间胎膜不能排出，属于胎膜滞留。由于牛的胎盘结构紧密，分娩过程中，有相当多的胎盘尚未剥离，所以，胎儿娩出前一直可以得到氧气供应，即使产程长一点也不致造成胎儿窒息死亡。

(四) 产后生理特点

母牛产后的生理过程包括子宫的恢复、恶露的排出、泌乳和分娩后的发情与排卵几个环节。第一，母牛子宫在排出胎儿及胎膜后 2～3 小时仍表现出较强的收缩和蠕动。即产后阵缩。在第 4 天以后，这种收缩力逐渐减弱。产后 2 周子宫阜急剧萎缩，脂肪变性，随后子宫壁中增生的血管、肌纤维和结缔组织部分变性被吸收，肌纤维细胞内的胞浆蛋白也逐渐减少，肌细胞的缩小使子宫变小，子宫壁变薄，同时，子宫黏膜上皮增生，母体胎盘的黏膜变性脱落，已形成了新的子宫黏膜上皮。子宫位置也由腹腔向骨盆腔回缩，最后子宫颈收缩封闭，子宫也基本上恢复到怀孕前的状态。此即子宫的恢复。但子宫孕角不能完全恢复原状，还是比怀孕前增大许多。随着怀孕次数增加，子宫体积比处女牛大，且位置前移下垂，牛的子宫组织解剖上的恢复大约需要 4 周。第二，恶露排出。牛产后恶露的彻底排出一般为 10～12 天，如果产后 3 周还有分泌物排出，表明子宫内发生了病理变化，需进行药物治疗。第三，泌乳。母牛在产后立即泌乳，最初五六天分泌初乳，乳汁浓稠，含有丰富的抗体，有轻度通便作用，对新生犊牛的抗病力及健康发育有重要意义。第四，发情和排卵。产后母牛约在 40 天后开始发情。

第三节　生殖激素及其在肉牛繁殖中的应用

一、生殖激素的活动与调控

1. 生殖激素的调控

母牛生殖功能调控主要依靠体液，也就是通过内分泌激素来进行，这些激素分泌和作用的部位主要有丘脑、脑垂体、卵巢，卵巢的功能受丘脑与垂体的调节，而卵巢分泌的激素又反馈地作用于丘脑和垂体，形成丘脑——垂体——卵巢反射轴，通过反射、反馈达到平衡、调节卵巢功能，维持母牛的发情周期、妊娠、分娩、哺乳等。

母牛下丘脑分泌促性腺激素释放激素（GnRH）、催产素（缩宫素）；垂体分泌促性腺激素、促卵泡素（FSH）、促黄体生成素（LH）、催乳素（促乳素 PRL）；卵巢分泌孕酮（P4）、雌激素（E4）。

调控生殖功能的激素有多种，主要包括促性腺激素释放激素、促黄体激素、雌激素、孕激素（黄体酮）、催产素等，部分激素已能工厂化生产，有的激素也有了替代品，这些外源激素已广泛地应用于母牛的生殖控制。

2. 生殖激素的作用特点

（1）生殖激素必须与其受体结合才能产生生物学效应。各种生殖激素均有其一定的靶器官或靶细胞，必须与靶器官中的特异性受体或感受器集结合后才能产生生物学效应。

（2）生殖激素在动物机体中由于受分解酶的作用，其活性丧失很快。生殖激素的生物学活性在体内消失一半时所需时间，称为半存留期或半寿期或半衰期。半存留期短的生殖激素，一般呈脉冲性释放，在体外必须多次提供才能产生生物学作用。相反，半存留期长的激素（如孕马血清促性腺激素）一般只须一次供药就可产生生物学效应。

（3）微量的生殖激素便可产生巨大的生物学效应。生理状态下动物体内生殖激素含量极低（血液中的含量一般只有 $10^{-12} \sim 10^{-9}$ 克/毫升），但所起的生理作用十分明显。例如动物体内的孕酮水平只要达到 6×10^{-9} 克/毫升，便可维持正常妊娠。

（4）生殖激素的生物学效应与动物所处生理时期及使用方

法有关。同种激素在不同生理时期或不同使用方法及使用剂量条件下所起的作用不同。例如，在动物发情排卵后一定时期连续使用孕激素，可诱导发情；但在发情时使用孕激素，则可抑制发情；在妊娠期使用低剂量的孕激素可以维持妊娠，但如果使用大剂量孕激素后突然停止使用，则可终止妊娠，导致流产。

（5）生殖激素具有协同或拮抗作用。某种生殖激素在另一种或多种生殖激素的参与下，其生物学活性显著提高，这种现象称为协同作用。例如，一定剂量的雌激素可以促进子宫发育，在孕激素协同作用下子宫发育更明显。相反，一种激素如果抑制或减弱另一种激素的生物学活性，则该激素对另一种激素具有拮抗作用。例如，雌激素具有促进子宫收缩的作用，而孕激素则可抑制子宫收缩，即孕激素对雌激素的子宫收缩作用具有拮抗效应。生殖激素反馈调节作用及其与受体结合的特性，是引起某些激素间具有协同或拮抗作用的主要原因。

二、几种重要生殖激素及其在肉牛繁殖上的应用

1. 促性腺激素释放激素（GnRH）

促性腺激素释放激素（gonadotropin-releasing hormone，简称为 GnRH），也称为促黄体激素释放激素（luteinising-hormone releasing hormone，简称为 LHRH 或 LRH）。可刺激垂体合成和释放促黄体激素和促卵泡激素，促进卵泡生长成熟、卵泡内膜粒细胞增生并产生雌激素，刺激母畜排卵，黄体生成、促进公畜精子生成并产生雄激素。在肉牛繁殖上，主要用于诱发排卵，治疗产后不发情，还可用在同期发情工作上，输精时注射 LHRH 类似物 LRH-$A_3$200～240 微克可提高情期受胎率，治疗公畜的少精症和无精症。

2. 催产素（OXT）

催产素主要功能有：第一，催产素可以刺激哺乳动物乳腺肌上皮细胞收缩，导致排乳。当犊牛吮乳时，生理刺激传入脑区，引起下丘脑活动，进一步促进神经垂体呈脉冲性释放催产素。在给牛挤奶前按摩乳房，就是利用排乳反射引起催产素水平升高而促进乳汁排出。第二，催产素可以刺激子宫平滑肌收缩。母牛分娩时，催产素水平升高，使子宫阵缩增强，迫使胎儿从阴道产出。产后犊牛吮乳可加强子宫收缩，有利于胎衣排出和子宫复原。第三，催产素可以刺激子宫分泌前列腺素 $F_{2\alpha}$，引起黄体溶解而诱导发情。第四，催产素还具有加压素的作用，即具有抗利尿和使血压升高的功能。同样，加压素也具有微弱催产素的作用。

催产素常用于促进分娩，治疗胎衣不下、子宫脱出、子宫出血和子宫内容物（如恶露、子宫积脓或木乃伊）的排出等。事先用雌激素处理，可增强子宫对催产素的敏感性。催产素用于催产时必须注意用药时期，在产道未完全扩张前大量使用催产素，易引起子宫撕裂。催产素一般用量马、牛为 30～50 单位。

对经雌激素预先致敏的子宫肌有刺激作用，产后催产素的释放有助于恶露排出和子宫复原，还可引起乳腺肌上皮细胞收缩，加速排乳。大剂量催产素具有溶解黄体的作用；小剂量催产素可增加宫缩，缩短产程，起到催产作用，促使死胎排出，治疗胎衣不下、子宫蓄脓和放乳不良等。人工授精前 1～2 分钟，肌内注射或子宫内注入 5～10 单位催产素，可提高受胎率；临产母牛，先注射地塞米松，48 小时后按每千克体重静脉注射 5～7 微克催产素，可诱发 4 小时后分娩。

3. 促卵泡素（FSH）

促进卵泡生产发育，与促黄体素配合，促使卵泡发育、成熟、排卵和卵泡内膜粒细胞增生并分泌雌激素，对于公畜则可促进精细管的生长、精子生成和雄激素的分泌。在肉牛繁殖上，可促使母牛提早发情配种，诱导泌乳期乏情母牛发情；连续使用促卵泡激素，配合促黄体激素可进行超排处理；治疗卵巢机能不全，卵泡发育停滞等卵巢疾病及提高公牛精液品质。

4. 促黄体激素（LH）

LH 对已被 FSH 预先作用过的卵泡有明显的促进生长作用，诱发排卵，促进黄体形成，促进精子充分成熟。在肉牛繁殖上，可诱导排卵，预防流产，治疗排卵延迟、不排卵、卵泡囊肿等卵巢疾病，并可治疗公牛性欲减退、精子浓度不足等不育疾病。

5. 孕马血清促性腺激素（PMSG）

类似 FSH 的作用，也有 LH 的作用，促进母牛卵泡发育及排卵，促使公牛细精管发育、分化和精子生成。在肉牛繁殖上，用以催情，母牛肌内注射孕马血清促性腺激素 1 000 ~2 000国际单位，3 ~5 天后可出现发情；刺激超数排卵，增加排卵率；注射孕马血清促性腺激素 1 000 ~2 000国际单位，促进黄体消散，治疗持久黄体。

6. 人绒毛膜促性腺激素（hCG）

类似 LH 的作用，FSH 作用很少，促进卵泡发育、成熟、排卵、黄体形成，并促进孕酮（P_4）、雌激素（E_2）合成，同时可促进子宫生长；对于公牛，可促进睾丸发育、精子的生成，刺激睾酮和雄酮的分泌。在肉牛繁殖上，促进卵泡发育成熟和排卵，增强超排和同期排卵效果，治疗排卵延迟和不排卵；治疗卵泡囊肿和促使公牛性腺发育。

7. 孕酮（P_4）

孕酮即黄体酮，与雌激素协同促进生殖道充分发育；少量孕酮可与雌激素协同作用促使母牛发情，大量孕酮则抑制发情；维持妊娠；刺激腺管已发育的乳腺腺泡系统生长，与雌激素共同刺激和维持乳腺的发育。在肉牛繁殖上，用以诱导同期发情和超数排卵；进行妊娠诊断；诊断繁殖障碍，治疗繁殖疾病。

8. 雌激素（E_2）

雌激素主要功能如下。

（1）在发情期能促使母牛表现发情和生殖道的生理变化。雌激素能促使阴道上皮增生和角质化，以利于交配；促使子宫颈管道变松弛，并使其黏液变稀薄，有利于精子的通过；促使子宫内膜及肌层增长，刺激子宫肌层收缩，有利于精子运行，并为妊娠做好准备；促进输卵管的增长和刺激其肌层活动，有利于精子和卵子运行，促使母牛有发情表现。

（2）可促使雄性个体睾丸萎缩，副性器官退化，最后造成不育，称为化学去势。

（3）促进长骨骺部骨化，抑制长骨增长，因而成熟的雌性个体体型较雄性小。

（3）促使母牛骨盆的耻骨联合变松，骨盆韧带松软以利于分娩。

（4）怀孕期间，胎盘产生的雌激素作用于垂体，使其产生促黄体分泌素，对于刺激和维持黄体的机能很重要。当雌激素达到一定浓度，且于孕酮达到适当的比例时，可能使催产素对子宫肌层发生作用，并给开始分娩造成必需的条件。

近年来，合成类雌激素物质在畜牧生产和兽医临床上应用很广。此类物质虽然在结构上与天然雌激素很不相同，但其生理活性却很强，具有成本低、可口服（可被肠道吸收、排泄快）等特点，因此，成为非常经济的天然的代用品。最常见的合成雌激素有二丙酸雌二醇、已烯雌酚、双烯雌酚、苯甲酸雌二醇、戊酸雌二醇、雌三醇等。

总之，雌激素可以刺激并维持母牛生殖道的发育；刺激性中枢，使母牛出现性欲和性兴奋；使母牛发生并维持第二性征；刺激乳腺管道系统的生长；刺激垂体前叶分泌促乳素；促进骨骼对钙的吸收和骨化作用；在肉牛繁殖上，可用于催情，增加同期发情效果；排除子宫内存留物，治疗慢性子宫内膜炎。

9. 前列腺素（PG）

天然前列腺素分为 3 类 9 型，与繁殖关系密切的有 PGE 与 PGF，前列腺素 F 型可溶解黄体，影响排卵，如 $PGF_{2\alpha}$ 的促进排卵作用，PGE 能抑制排卵，影响输卵管的收缩，调节精子、卵子和合子的运行，有利于受精；刺激子宫平滑肌收缩，增加催产素的分泌和子宫对催产素的敏感性；提高精液品质。在肉牛繁殖上，前列腺素 $PGF_{2\alpha}$ 可用于调节发情周期，进行同期发情处理；用于人工引产；治疗持久黄体、黄体囊肿等繁殖障碍，并可用于治疗子宫疾病；对公牛，则可增加精子的射出量，提高人工授精效果。

氯前列烯醇是一种人工合成的前列腺素 $F_{2\alpha}$ 衍生物，是一种高活性的溶黄体前列腺素类似物，由于其效果确实，价格低廉，使用方便，被广泛应用于母牛同期发情、诱导发情、卵巢及子宫疾病的治疗等方面。

第四节　繁殖母牛的饲养方式

我国现阶段饲养繁殖母牛有 3 种情况：一是依赖自然资源饲养繁殖母牛，主要是放牧饲养或配合部分舍饲的方式生产犊牛；二是农户少量舍饲散养繁殖母牛生产犊牛，依靠农户家中不宜直接出售的秸秆等农副产品，通过牛腹变废为宝和集小钱为大钱的方式来增加收入；三是采用集约化大量舍饲养殖繁殖母牛来生产犊牛，进行育肥生产。

一、肉用成年母牛的饲养方式

肉用成年母牛的饲养方式主要有放牧饲养、舍饲饲养和放牧加补饲3种。

1. 放牧

牧草资源丰富、草场宽阔的地区，可采用放牧饲养。放牧时注意将空怀母牛、怀孕母牛分群。放牧无需特殊管理，除围产期母牛外，均可放牧。放牧牛应补充矿物质饲料，特别是镁盐、微量元素。为了有效的利用牧草，可采用轮牧。

2. 舍饲

舍饲时可1头母牛1张牛床，单设犊牛室；也可在牛床侧建犊牛岛，各牛床间用隔栏分开。前一种方式设施利用率高，犊牛易于管理，但耗工；后一种方式设施利用率低，简便省事，节约劳动力。舍饲的牛舍要设运动场，以保证繁殖母牛有充足的光照和运动。

3. 放牧加补饲

在饲草资源和牧草品质受限的情况下，采用白天放牧，夜间归牧补饲。

二、繁殖母牛放牧饲养

放牧方式节省饲料、人力和设备，成本低，有利于提高母牛和犊牛的体质。但由于践踏放牧地或草地，故对牧草的利用率较低，受外界环境影响较大，还受体质和性情的影响使采食量有差别，在冬季因牧草干枯、气候寒冷、游牧行走从而使饲养效率降低，合理放牧能最大限度地降低这些不利因素的干扰。

牛群组成应依放牧地产草量、地形地势而定，一般以50～

200头为宜，并应考虑妊娠、哺乳、年龄等生理因素组织牛群，妊娠后期和哺乳的牛应放牧于牧草较好、距离牛舍较近的地方。每天放牧时间随牧草的质与量从7小时至全天不等。放牧地载畜量随着牧草产量而变化，在保证吃饱的基础上控制牛采食行进的速度，以免把草践踏坏，也不应停留时间太长，否则造成放牧地采食过度。

三、繁殖母牛舍饲饲养

舍饲饲养方式需要大量饲料、设备与人力，成本高，由于缺乏运动、厩舍空气差而使牛体质较弱。但舍饲可提高饲草的利用率，不受气候和环境的影响，使牛拥有能抵御恶劣条件的环境，能按技术要求调节牛的采食量，使牛群生长发育均匀。合理安排牛床能避免牛之间的争斗，便于实现机械化饲养，提高劳动效率。牧草质量较差或冬春枯草季节，放牧吃不饱时，可采用舍饲办法或放牧加补饲的办法。缺少放牧地的平原农业区，牛群可采取舍饲办法。母牛可采取散放或定时上槽，不采用拴系式饲养，尽可能让牛自由采食、自由饮水。气温较低时，尽量饮20℃以上的温水。母牛厩舍一般不做特别要求，冬季要求能防寒，防冻结，夏天防雨、防冰雹、防暴晒，并以有产房为好，有利于犊牛和母牛的健康，减少疾病传播。

第一节　肉牛繁殖性能描述规范及参数

一、母牛繁殖性能描述规范及参数

1. 母牛初情期

母牛初情期指母牛第 1 次出现发情表现并排卵的时期。单位：月龄。肉用牛品种初情期的年龄往往比乳用品种迟，而母水牛的初情期更迟，一般为 13 ~ 18 月龄。母牦牛的初情期平均为 24 月龄。如南阳牛母牛初情期是 8 ~ 12 月龄。

2. 发情季节

发情季节指母牛在一年中集中表现发情的季节。如南阳牛母牛一年四季皆可发情，以春季最多。

3. 发情周期

发情周期指母牛从第 1 次发情开始至下一次发情开始所间隔的时间。单位：天。如南阳牛母牛发情周期范围为 18 ~ 25 天，平均21天。

4. 发情持续期

发情持续期指母牛从发情开始到发情结束所持续的时间。单位：小时。如南阳牛母牛发情持续期是24～72小时。

5. 适时配种期

适时配种期指根据母牛自身发育的情况和饲养繁育、使用目的人为确定的用于配种的年龄。单位：月龄。青年母牛初配年龄平均为18～22月龄。如南阳牛母牛适时配种期是18～24月龄。

6. 妊娠期

妊娠期指母牛从配种至分娩的时间，通常是以最后一次配种之日算起。单位：天。如南阳牛母牛妊娠期是286天。

7. 繁殖率

繁殖率指母牛一个年度内出生犊牛占上年适龄繁殖母牛数的百分比。标准化母牛繁育场或牧场的繁殖率应达到80%以上。

8. 一般利用年限

一般利用年限指母牛在繁殖过程中能够被利用的年限。单位：年。

9. 生命周期

生命周期指母牛在普通情况饲养条件的生存年限。单位：年。如南阳牛母牛生命周期是15年。

10. 犊牛成活率

犊牛成活率指全年满6个月的成活犊牛头数与全年出生的活犊牛头数的百分比。标准化母牛繁育场的犊牛成活率应达到95%以上。

11. 难产度

难产度指产犊的难易程度。一般分为4个等级，分别用1、2、3、4表示，即：

1——顺产：母牛在没有任何外部干涉的情况下自然生产。

2——助产：人工辅助生产。

3——引产：用机械等牵拉的情况下生产。

4——剖腹产：采用手术剖腹助产。

二、公牛繁殖性能描述规范及参数

1. 公牛初情期

公牛初情期指公牛初次产生并释放精子，且具有交配能力的时期。单位：月龄，如南阳牛公牛初情期为 10 ~ 12 月龄。

2. 公牛性成熟期

公牛性成熟期指公牛在初情期之后继续发展达到具有正常繁殖能力的性完全成熟期。单位：月龄，如南阳牛公牛性成熟期为 16 ~ 18 月龄。

3. 公牛适时配种期

公牛适时配种期指公牛根据自身发育的情况和饲养繁育、使用目的而人为确定的用于配种的年龄。单位：月龄，如南阳牛公牛适时配种期为 36 月龄。

4. 射精量

射精量指健康公牛一次射出精液的容量。单位：毫升（mL），如南阳牛公牛射精量 2 ~ 5 毫升。

5. 精子密度

精子密度指精子密度指每毫升精液中所含有的精子数目，常用血细胞计数器计算。如南阳牛公牛精子密度为 8 亿 ~ 10 亿。

6. 精子活力

精子活力指将精液样制成压片，在显微镜下一个视野内观察，其中直线前进运动的精子在整个视野中所占的比率，100% 直线前进运动者为 1.0 分。如南阳牛公牛精子活力 0.78。

7. 自然配种比例

自然配种比例指一个配种季节每头公牛自然状态本交配种方式下可承担的配种母牛数。如南阳牛公牛自然配种比例是150。

8. 人工授精比例

人工授精比例指健康公牛一次射精量经过稀释后能够用于授精的母牛数量。如南阳牛公牛人工授精比例是130。

9. 配种方式百分比例

配种方式百分比例指肉牛主产区内的主要繁殖交配方式所占的百分比例。如南阳牛主产区配种方式百分比例是：自然交配比例为21.7%，人工授精比例为78.3%。

10. 一般利用年限

一般利用年限指公牛在繁殖过程中能够被利用的年限。如南阳牛公牛一般利用年限是6年。

11. 生命周期

生命周期指公牛在普通情况饲养条件的生存年限。单位：年。如南阳牛公牛生命周期是10~12年。

三、母牛繁殖管理指标的统计

1. 受配率

受配率指年度内受配母牛数占适繁母牛数的比率。

受配率（%）=（受配母牛头数/适繁母牛数）×100

2. 受胎率

受胎率指年度内配种后妊娠母牛数占参加配种母牛数的百分率，受胎率又可分为总受胎率、情期受胎率和第一情期受胎率。

（1）情期受胎率。以情期为单位的受胎率，指妊娠母牛头数占总配种情期数的百分率，即平均每个发情期能够受孕的母牛头数。年内出群的牛只，如最后一次配种距出群不足2个月时，该情期不参加统计，但此情期以前的受配情期必须参加统计。

情期受胎率(%)=(年受胎母牛头数/年输精总情期数)×100

(2) 第一情期受胎率或一次情期受胎率。指第一个情期配种后妊娠母牛数占配种母牛数的百分率。育成牛的第一情期受胎率一般要求达65%～70%。

第一情期受胎率（%）=(第一情期配种受胎母牛头数/第一情期配种母牛头数）×100

(3) 年总受胎率。是指经过1次或多次配种后，妊娠母牛头数占全年参加配种母牛头数的百分率。年内受胎2次以上的母牛（包括正产受胎2次和流产后受胎的)，受胎头数和受配头数应一并统计，即各计为2次；受配后2～3月的妊检结果确认受胎要参加统计；配种后2个月内出群的母牛，不能确定是否妊娠的不参加统计，配种后2个月后出群的母牛一律参加统计。

年总受胎率(%)=(年受胎母牛头数/年受配母牛头数)×100

3. 配种指数

配种指数指受孕母牛平均配种次数，指参加配种母牛每次妊娠的平均配种情期数。

配种指数（%）=（总配种次数/妊娠母牛头数）×100

4. 产犊率

产犊率指产犊数（包括死产和早产）占受孕母牛数的比率。

产犊率（%）=（年内产犊数/年内受孕母牛头数）×100

5. 繁殖率

繁殖率指年度内出生的犊牛数占上年度终能繁殖母牛数的百分比。

繁殖率（%）=(本年度内出生犊牛数/上年度终能繁殖母牛数）×100

6. 犊牛成活率

犊牛成活率指本年度年内断奶成活的犊牛数占本年度内出生犊牛数的百分比。

成活率（%）＝(本年度断奶成活犊牛数/本年度内出生犊牛数）×100

7. 繁殖成活率

繁殖成活率指本年度内断奶犊牛的成活数占该年牛群中适繁母牛总数的百分率。

繁殖成活率（%）＝(本年度内成活犊牛数/上年度终适繁母牛总数）×100

8. 年平均胎间距（产犊间隔）

年平均胎间距指母牛相邻2次分娩之间的间隔天数，亦称胎间距。

年平均胎间距＝胎间距之和/统计头数

第二节　肉牛发情配种参数

一、母牛发情的周期、季节与初情期

1. 发情和发情周期

发情是适配母牛的一种生理现象。完整的发情应具备以下4个方面的生理变化。

(1) 卵巢变化。功能性黄体已退化，卵泡正在生长发育成熟，并进一步排卵。

(2) 精神状态变化。兴奋，食欲减退，活动性增强。

(3) 外阴部和生殖道变化。阴唇充血肿胀，黏液外流，阴道黏膜潮红湿润，子宫颈口开张。

(4) 出现性欲。主动接近公牛，爬跨它牛，站立接受公牛或其他母牛的爬跨。

2. 发情季节

母牛是常年发情，在均衡饲养的条件下，总是间隔 1 个周期出现 1 次发情。如果已受胎，发情周期即中止，待产犊后间隔一定时间，重新恢复发情周期。以放牧饲养为主的肉牛，由于营养状况存在较大的季节性差异，特别是在北方，大多数母牛只在牧草繁盛时期（6～9 月份）膘情恢复后集中出现发情。以均衡舍饲饲养条件为主的母牛，发情受季节的影响较小。

3. 初情期和性成熟期

(1) 初情期。母牛第 1 次出现发情表现并排卵的时期。肉用牛品种初情期的年龄往往比乳用品种迟，如南阳牛母牛初情期是 8～12 月龄。而母水牛的初情期更迟，一般约为 13～18 个月。母牦牛的初情期平均为 24 个月。

(2) 性成熟期。母牛到了一定年龄，生殖器官已基本发育完全，具备了繁殖能力，称为性成熟。达到性成熟的年龄，因品种、个体、气候、营养情况及饲养管理条件而有所不同。一般为 12～14 月龄。

二、母牛发情周期的生理参数

1. 发情周期长度

其计算方法是：相邻 2 次发情的间隔天数。相邻 2 次排卵间隔的天数。习惯上把出现发情当日算为 0 天，0 天也就是上一个发情周期的最后 1 天。

成母牛的发情周期平均为 21 天，范围是 17～25 天；育成牛的发情周期平均为 20 天，范围是 18～22 天；母水牛约的发情周期 16～25 天，母牦牛的发情周期为 18～25 天。

在一个发情周期内一般分为发情前期、发情期、发情后期、休情期4个时期。

（1）发情前期。在这个阶段黄体萎缩消失、卵巢略有增大，新卵泡开始发育，血中雌激素也开始增加，生殖器官充血，黏膜增生，子宫颈口松弛，尚未排出黏液，无性欲表现，发情前期持续1~3天。

（2）发情期。在这期间母牛有发情征状，有性欲表现，阴户、子宫颈、子宫体充血，子宫颈口松开，卵泡发育加快，突出卵巢表面，阴道流出透明黏液。这实际上就是发情持续期。

（3）发情后期。到了这期母牛再没有发情表现，也变得安静，子宫颈收缩，阴道黏液变稠，分泌减少。卵泡在破裂后而形成黄体。母牛排卵时间多在发情开始后16~36小时，或者发情结束后5~15小时。母水牛多在发情结束后10~18小时排卵。

（4）休情期。这期母牛无性欲，神态正常，这个时期可持续12~15天。配种或输精最合适时间是当母牛由被爬跨不动而转到避开爬跨，阴道流出黏液吊线程度差时，即可配种。这时如直肠检查，卵泡直径达1厘米已突出卵巢表面，触摸卵泡有水泡感、膜薄，有一压即破的感觉。

准确掌握发情时间是提高母牛受胎率的关键。一般正常发情的母牛其外部表现都比较明显，利用外部观察辅以阴道检查就可以判断牛的发情。但母牛发情持续期较短，不注意观察则容易漏配，在生产实践中，可以发动值班员、饲养员和挤奶员共同观察。建立母牛发情预报制度，根据前次发情日期，预报下次发情日期（按发情周期计算）。但有些母牛营养不良，常出现安静发情或假发情，或生殖器官机能衰退，卵泡发良缓慢，排卵时间延迟或提前，对这些母牛则需要通过直肠检查来判断其排卵时间。

2. 发情持续期

母牛由开始发情，表现发情征状到发情终止为发情持续期。成母牛的发情持续期平均为18小时，其变动范围为6～36小时；育成牛为15～16小时，其范围变动为10～21小时；母水牛、母牦牛为24～48小时，有的变动范围大。

3. 排卵时间

肉牛的排卵时间因品种而异，一般发生在发情结束后10～12小时，黄牛集中在11～18小时，水牛集中在10～12小时，牦牛集中在12～14小时，卵子保持受精能力的时间是12～18小时，78%的肉牛在夜间排卵，半数以上发生在凌晨4:00～8:00，20%在14:00～21:00，正确掌握母牛的排卵时间是提高母牛受胎率的重要手段。

三、配种的时间

1. 母牛初配的年龄

母年初配的年龄指母牛第1次接受配种的年龄。母牛达到性成熟时，虽然生殖器官已经完全具备了正常的繁殖能力，但身体的生长尚未完成，骨骼、肌肉、内脏各器官仍处于快速生长阶段，还不能满足孕育胎儿的需求，如过早配种不仅会影响自身的正常发育，还会影响幼犊的健康和自身以后的生产性能。母牛初配必须达到体成熟，即母牛基本上完成自身生长，具有了固有的外形特征。

母牛的体成熟年龄是饲养管理水平、气候、营养等综合因素作用的结果，但更重要的应根据其自身的生长发育情况而定，一般情况下，体成熟年龄比性成熟晚4～7个月，其体重要达到成年母体重的70%左右，体重未达到要求时可以适当推迟初配年龄，相反可以适当提前初配。我国黄牛的初配年龄为14～16月龄，水牛为3～4岁，牦牛为2～3.5岁。

2. 母牛的产后配种

母牛产后一般有30～60天的休情期，产后第1次发情的时间受牛的品种、子宫复原情况、产犊前后饲养水平的影响，产后配种时间取决于子宫形态与机能恢复情况和饲养水平，过早配种受孕率较低，又会带来疾病隐患，配种过晚，会延长产犊间隔，降低了经济效率。根据牛一年一犊的生殖生理特点和产后母牛的生理状态，产后60～90天（休情后的第1～3个情期）配种较为合理，且受孕率较高。

3. 公牛的初配年龄

与母牛相似，公牛的初配年龄与性成熟年龄也有一定间隔，但公牛在雄性激素的作用下，生殖及身体生长更加迅速，在饲养水平较好的情况下，12～14个月龄即可采精。

4. 配种的时机

牛的排卵一般发生在发情结束后10～12小时，卵子保持受精能力的时间为12～18小时，精子保持受精能力的时间是28～50小时，且精子在母牛生殖道内还需4～6小时获能后才能到达与卵子受精形成合子的输卵管壶腹部，虽然精子与卵子在母牛生殖道内保持受精能力的时间可以达到上限，但在失去受精能力之前就已失去产生一个具有高度生活力胚胎的能力。综合以上几点，适宜的输精时间是在排卵前的6～12小时进行。在实际工作中输精在发情母牛安静接受他牛爬跨后12～18小时进行，清晨或上午发现发情，下午或晚上输1次精，下午或晚上发情的，第2天清晨或上午输1次精，只要正确掌握母牛的发情和排卵时间，输1次精即可，效果并不比2次输精差，但有时受个体、年龄、季节、气候的影响，发情持续时间较长或直肠检查确诊排卵延迟时需进行第2次输精，第2次输精应在第1次输精后8～10

小时进行。

实践中还有很多判断输精配种时机的方法。如：在发情末期，母牛拒绝爬跨时适宜输精。此外，还可取黏液少许夹于拇指和食指之间，张开两指，距离 10 厘米，有丝出现，反复张闭 5~7 次，不断者为配种适宜期，张闭 8 次以上仍不断者，尚早，3~5 次丝断者则适配时间已过。

直肠检查，卵泡在 1.5 厘米以上，泡壁薄且波动明显时适宜输精。

四、人工授精技术参数

1. 冷冻精液的储存

冷冻精液是将采取的种公牛精液稀释，添加抗冻保护剂，通过一定的冷冻程序，使得精子在液氮中代谢活动被抑制，在静止状态下保存起来。解冻升温以后，精子能复苏而不失去受精能力。目前，广泛采用的冷冻精液为细管冻精，0.25 毫升/支，要求解冻后有效精子数大于 1 000万个（DB65/T 2163—2004），活力达到 0.35 以上。

（1）在液氮罐内储存的冷冻精液必须浸没于液氮中，定期添加液氮，且液氮容量不能少于容器的 2/3。

（2）取放冷冻精液时，提筒只允许提到液氮罐的瓶颈段以下，严禁提出罐外。在罐内脱离液氮的时间不得超过 10 秒，必要时需再次浸没后再提取。

（3）在向另一液氮储存罐内转移冷冻精液时，精液提筒脱离液氮不得超过 5 秒。

（4）取放冷冻精液之后，应及时盖上罐塞，尽量减少开启容器盖塞的次数和时间，以减少液氮消耗和防止异物落入罐内。严防不同品种和编号的冷冻精液混杂存放，难以辨识的应予以销毁。

2. 冷冻精液的解冻

（1）细管冷冻精液用38～40℃温水直接浸泡解冻，时间为10～15秒。

（2）解冻后的细管精液应避免温度骤升和骤降，避免与阳光及有毒有害物品、气体接触。

（3）解冻后的精液存放时间不宜过长，1小时内完成输精；解冻后精液需运输时，应置于4～8℃下不得超过8小时。

3. 精液品质检查

（1）检查精子活力用的生物显微镜载物台应保持35～38℃。新购入精液后先进行检查，以后在认为有必要的时候再进行检查。

（2）在显微镜视野下，根据呈直线前进运动的精子数占全部精子数的比率来评定精子活力。冻精解冻后活力不得低于0.35，在37℃下存活时间大于4小时。

4. 输精时间

母牛的发情周期为17～25天，发情持续时间24～30小时，输精人员应根据畜主描述母牛发情症状和直肠检查结果适时输精，母牛发情后不同时间段其症状和最佳配种时间见表3－1。

表3－1 母牛发情后不同时间段症状和最佳配种时间表

发情时间/小时	发情症状	是否输精
0～5	母牛出现兴奋不安、食欲减退	太早
5～10	母牛主动靠近公牛，做弯腰弓背姿势，有的流泪	过早
10～15	母牛出现爬跨、外阴肿胀、分泌透明黏液、哞叫	可以输精
15～20	阴道黏膜充血、潮红，表面光亮湿润，黏液开始较稀，不透明	最佳时间
20～25	已不再爬跨别的牛，黏液量增多，变稠	过晚
25～30	阴道逐渐恢复正常，不再肿胀	太晚

5. 输精方法

(1) 输精前用清水洗净牛外阴部，然后用0.1%新洁尔灭溶液消毒。

(2) 采用直肠把握子宫颈输精法，插入输精枪时要轻、稳、慢，输精枪尽量通过子宫颈口深部输精，输精完毕后缓慢抽出输精枪，让牛安静站立5~10分钟，防止精液倒流。

(3) 细管冷冻精液解冻后最好在15分钟内输精完毕。

第三节　肉牛妊娠与分娩参数

一、母牛妊娠诊断

母牛配种后应尽早进行妊娠诊断，以利于保胎，减少空怀，提高母牛繁殖率和经济效益。肉牛的妊娠诊断有以下几种方法。

1. 外部观察法

发情母牛配种后3~4周如果不再发情，一般表示已怀胎。这种方法对于发情规律正常的母牛有一定的参考价值，但不完全可靠，因为母牛不仅有安静发情、不明显发情，还有假发情，即使已受胎但个别牛仍有发情表现。因此，常需用其他方法来加以确定。此外，食欲增进，性情温驯，躲避角斗或腹围随妊娠的发展而增大，妊娠后半期从外面即可观察到胎动、乳房也有较明显的发育。不过以上这些症候都在妊娠3个月以后才表现比较明显，所以并不能用于早期是否怀孕的诊断。

2. 直肠检查法

直肠检查法是适用于母牛妊娠诊断的一种最方便、最可行的办法，在妊娠的各个阶段均可采用，能判断母牛是否怀孕及怀孕的大概月份、一些生殖器官疾病及胎儿的存活情况。有经验人员可以在妊娠 40～60 天判断妊娠与否，准确率达 90% 以上。

直肠检查判定母牛是否怀孕的主要依据是怀孕后生殖器官的一些变化，这些变化因胎龄的不同而有所侧重，在怀孕初期，以子宫角形状、质地及卵巢的变化为主；在胎胞形成后，则以胎胞的发育为主，当胎胞下沉不易触摸时，以卵巢位置及子宫动脉的妊娠脉搏为主。

配种后 19～22 天，子宫勃起反应不明显，在上次发情时卵巢上的排卵处有发育成熟的黄体，黄体柔软，孕侧卵巢较对侧卵巢大，疑为妊娠。如果子宫勃起反应明显，无明显的黄体，卵巢上有大于 1 厘米的卵泡，或卵巢局部有凹陷，质地较软，可能是刚排过卵，这 2 种情况均表现未孕。

妊娠 30 天，孕侧面卵巢有发育完善的妊娠黄体，黄体肩端丰满，顶端突起，卵巢体积较对侧卵巢大 1 倍；两侧子宫角不对称，孕角较空角稍增大，质地变软，有液体波动的感觉，孕角最膨大处子宫壁较薄，空角较硬而有弹性，弯曲明显，角间沟清楚，用手指轻握孕角从一端向另一端轻轻滑动，可感到胎膜囊由指间滑动。或用拇指及食指轻轻提起子宫角，然后稍为放松，可以感到子宫壁内先有一层薄膜滑开，这就是尚未附植的胚囊。据测定，妊娠 28 天，羊膜囊直径 2 厘米，35 天为 3 厘米，40 天以前羊膜囊为球形，这时的直肠检查一定要小心，动作要轻柔，并避免长时间触摸，以免引起流产。

妊娠 60 天，由于胎水增加，孕角增大且向背侧突出，孕角比空角约粗 1 倍，且较长，两者悬殊明显。孕角内有波动感，用手指按压有弹性。角间沟不甚清楚，但仍能分辩，可以摸到全部子宫。

妊娠 90 天，孕角接近排球大小，波动明显，有时可以触及漂浮在子宫腔内如硬块的胎儿，角间沟已摸不清楚。这时子宫开始深入腹腔，子宫颈移至耻骨前缘，初产牛子宫下沉时间较晚。

妊娠 120 天，子宫全部沉入腹腔，子宫颈越过耻骨前缘，触摸不清子宫的轮廓形状，只能触摸到子宫背侧面及该处明显突出的子叶，形如蚕豆或小黄豆，偶尔能摸到胎儿。子宫动脉的妊娠脉搏明显可感。

妊娠 150 天，全部子宫沉入腹腔底部，由于胎儿迅速发育增大，能够清楚地触及胎儿。子叶逐渐增大，大如胡桃、鸡蛋；子宫动脉变粗，妊娠脉搏十分明显，空角侧子宫动脉尚无或稍有妊娠脉搏。

妊娠 180 天至分娩，胎儿增大，位置移至骨盆前，能触摸到胎儿的各部分，并能感到胎动，两侧子宫动脉均有明显的妊娠脉搏。

检查子宫中动脉是诊断妊娠的方法之一，特别是随着胎儿的增大，血液供给量越来越多，就可通过动脉血管的粗细与血流搏动的情况加以诊断。手紧贴骨盆腔上部摸住粗大的腹主动脉，再沿两旁摸到髂内动脉分支（子宫中动脉就是髂内动脉分出来的）到子宫阔韧带的子宫中动脉。这个动脉在阔韧带中可移动 10 ~ 15 厘米。子宫中动脉的直径：初胎牛妊娠 60 ~ 75 天为 0. 16 ~ 0. 30 厘米，经产母牛在妊娠 90 天较明显，为 0. 30 ~ 0. 48 厘米，妊娠 120 天为 0. 64 厘米，妊娠 150 天为 0. 64 ~ 0. 95 厘米，妊娠 180 天为 0. 95 ~ 1. 27 厘米，妊娠 210 天为 1. 27 厘米，妊娠 240 天为 1. 27 ~ 1. 59 厘米，妊娠 270 天为 1. 59 ~ 1. 90 厘米。随着动脉管的变粗，管壁变薄，母牛妊娠 90 天时就可触到该动脉中血脉的跳动。母牛妊娠 4 ~ 5 个月跳动明显，再往后就会感到动脉管中好像流水间歇地流过。母牛妊娠 5 ~ 6 个月，当子宫垂到腹腔后，利用子宫中动脉诊断妊娠更有用处。

3. 阴道检查法

根据阴蒂变化对牛进行早期妊娠诊断。仔细观察阴蒂的大小、形状、位置、质地、色泽、血管、分泌物等，综合分析，可做出诊断。

乏情母牛的阴蒂深埋于阴蒂凹内，呈扁圆形长柱状，粉白色，表面干燥无光泽，血管不明显，无分泌物，质软而斜下；发情母牛的阴蒂埋于阴蒂凹内，粉红色，扁圆形长柱状，质地较软；妊娠 20 天内的母牛，阴蒂体积稍有增大，长约 0.6 厘米，宽 0.3 厘米，厚约 0.2 厘米，1/2 体积突出于阴蒂凹上方，红黄色，稍硬，表面发亮，血管稍有充血，有少量分泌物；妊娠 40 天的母牛，阴蒂的 2/3 体积突出于阴蒂凹上方，体积继续增大，如樱桃大小，直立发硬，紫黄色，表现湿润光滑，周围黏膜呈青紫色并有黄色分泌物，血管呈树枝状。据报道，妊娠 30 天和 40 天的诊断符合率分别为 94.1% 和 94.7%。

母牛怀孕 3 周后，阴道黏膜由未孕时的淡粉红色变为苍白色，没有光泽，表面干燥，阴道收缩变紧；怀孕 1.5 ~ 2 个月，子宫颈口附近黏液量少，黏稠；怀孕 3 ~ 4 个月，黏液量大且浓稠如糨糊、灰白或灰黄色，子宫颈口紧缩关闭，有子宫颈栓。

4. 超声波诊断法

配种后 25 ~ 30 天用超声波扫描影像仪即可作出早孕诊断，准确率可达 98% 以上，配种 40 天即可通过显现胚胎的活动和心跳确认胚胎的存活性。

5. 孕酮水平测定法

怀孕后的母牛，血液中或乳汁中孕酮（P_4）的含量显著增加，所以，采用放射免疫法或蛋白结合竞争法测定母牛血液或乳汁中的孕酮含量来进行早期妊娠诊断。一般在母牛配种后 20 天左右，采集少量血样或乳样进行测定，根据测定结果进行诊断。

乳汁和外周血中 P_4 含量虽然不同，但两者之间有着密切的关系，乳汁和外周血中 P_4 的含量变化规律是一致的。此法判断妊娠的准确率为80% ~95%，而判定未妊娠的准确率常可达100%。这主要是由于诸如持久黄体、黄体囊肿、胚胎死亡及其他卵巢、子宫疾患所致。

6. 妊娠相关糖蛋白酶联免疫测定法（PAG-ELISA）

哺乳动物在妊娠时，胎盘的滋养层双核细胞会表达出一类蛋白物质，称为妊娠相关糖蛋白（pregnancy associated glycoproteins，PAG），PAG属于天冬氨酸蛋白酶家族的无活性酶，从外周血液中测定这种蛋白可以作为是否有胎儿存在的指标。PAG又称为妊娠特异蛋白B（pregnancy-specific proteins B，PSPB）或妊娠血清蛋白（pregnancy-specific proteins 60，PSP60）。不同的妊娠相关糖蛋白是反刍动物妊娠后外周血液出现的特异性蛋白，在妊娠过程中发挥着重要的作用。目前，在生产上通过检测PAG在血清中的浓度能够进行母牛的妊娠诊断。反刍动物胎儿胎盘的滋养层双核细胞在与母体子宫上皮细胞融合时，会释放包括PAG在内的物质到母畜血液中。纯化蛋白质的抗体能够用于检测牛外周循环中蛋白质的存在，这些蛋白质对胎盘组织来说具有特异性，所以检测母体血液里面的PAG能够作为妊娠的指标。

母牛授精3周后使用PAG－ELISA进行妊娠诊断能获得比较可靠的数据，而此时超声波和触诊检查的结果并不能满足生产上的要求；母牛授精4周后使用PAG－ELISA进行妊娠诊断可获得比超声波检查更高的准确率；母牛授精5周后使用PAG－ELISA和超声波进行妊娠诊断结果准确率基本一致。酶联免疫方法检测PAG给我们提供了一种有效可靠的妊娠诊断方法。下面是某公司孕检试剂盒使用操作流程。

（1）试剂准备。在使用之前，所有的试剂盒组分都必须恢复到18～26℃。轻轻涡旋、旋转混合均匀。使用蒸馏水或去离子水对浓缩洗涤液进行10倍稀释。（每条反应板条需10毫升浓缩洗涤液加入90毫升水中。）

（2）在ELISA板中加入样品及试剂。在所有样品和对照孔内滴加1滴样品稀释液。在使用试剂盒内提供的移液器时，使用1个新的吸头，吸取阴性对照并分别加入2个孔内；更换1个新的吸头，吸取阳性对照并分别加入2个孔内；更换1个新的吸头，吸取样品并加入适当孔内。不同样品需更换吸头。轻弹微量反应板将反应板中的溶液混匀。盖好盖板，在室温下孵育30分钟（±2分钟）。

孵育完成后，移除板盖，快速翻转反应板，将板孔内液体弃入废弃缸或水槽。用洗瓶向每个反应孔中加入洗涤液，每次洗涤后快速翻转反应板，弃去洗涤溶液。重复洗涤3～5次。避免板孔干燥。

（3）加入检测溶液。在每个反应孔中加入2滴检测溶液。盖好板盖，在室温下孵育30分钟（±2分钟）。

孵育完成后，移除板盖，快速翻转反应板，将板孔内液体弃入废弃缸或水槽。用洗瓶向每个反应孔中加入洗涤液，每次洗涤后快速翻转反应板，弃去洗涤溶液。重复洗涤3～5次。避免板孔干燥。

（4）加入酶标抗体。在每个反应孔中加入2滴酶标抗体。盖好板盖，在室温下孵育30分钟（±2分钟）。

移除板盖，快速翻转反应板，将板孔内液体弃入废弃缸或水槽。用洗瓶向每个反应孔中加入洗涤液，每次洗涤后快速翻转反应板，弃去洗涤溶液。重复洗涤3～5次。避免板孔干燥。

（5）加入废弃物和终止液。向每个反应孔中加入2滴TMB底物液。盖好盖板室温孵育15分钟（±1分钟）。应注意，此步骤孵育过程必须避光。

底物溶液孵育完成后，向每个反应孔加入 2 滴终止液终止实验。

（6）读板及结果判定。两个阳性对照孔都呈现蓝色时，此次检测结果有效。样品反应孔呈现蓝色时判为阳性（怀孕），样品反应孔呈现无色时，判为阴性（空怀），如样品孔颜色很难用肉眼分辨，则认为可疑，需重新采样复检。

7. 早孕因子诊断法

早孕因子（early pregnancy factor，EPF）是哺乳动物受精后，所发现的最早能在血清中检测到的一种具有免疫抑制和生长调节作用的妊娠相关蛋白。

EPF 是一种新的妊娠特殊蛋白，是妊娠早期血清中最早出现的一种免疫抑制因子，它通过抑制母体的细胞免疫而使胎儿得以在母体内存活，免受免疫排斥，因此，EPF 被认为是与早期妊娠相关的物质。EPF 作为目前最早确认妊娠的生化标志之一，对妊娠母体具有很高的特异性，牛在受精后 24 小时便可在血清中检测到 EPF 活性，持续整个孕期，一旦妊娠终止，血清中 EPF 立即消失。

牛早孕因子蛋白（EPF）ELISA 测定试剂盒操作步骤有：标准品的稀释、加样、温育、配液、洗涤、加酶、温育、洗涤、显色、终止、测定。以某公司产品为例详细操作步骤如下。

（1）标准品的稀释。本试剂盒提供原倍标准品 1 支，用户可按照图表在小试管中进行稀释。

（2）加样。分别设空白孔（空白对照孔不加样品及酶标试剂，其余各步操作相同）、标准孔、待测样品孔。在酶标包被板上标准品准确加样 50 微升，待测样品孔中先加样品稀释液 40 微升，然后再加待测样品 10 微升（样品最终稀释度为 5 倍）。加样将样品加于酶标板孔底部，尽量不触及孔壁，轻轻晃动混匀。

（3）温育。用封板膜封板后置37℃温育30分钟。

（4）配液。将30倍浓缩洗涤液用蒸馏水30倍稀释后备用。

（5）洗涤。小心揭掉封板膜，弃去液体，甩干，每孔加满洗涤液，静置30秒后弃去，如此重复5次，拍干。

（6）加酶：每孔加入酶标试剂50微升，空白孔除外。

（7）温育。操作同3。

（8）洗涤。操作同5。

（9）显色。每孔先加入显色剂A50微升，再加入显色剂B50微升，轻轻振荡混匀，37℃避光显色10分钟.

（10）终止。每孔加终止液50微升，终止反应（此时蓝色立转黄色）。

（11）测定。以空白空调零，450纳米 波长依序测量各孔的吸光度（OD值）。测定应在加终止液后15分钟以内进行。

8. 类绒毛膜促性腺激素乳胶凝聚抑制试验法（hCG-like-LAIT）

乳胶凝集抑制试验（latex agglutination inhibition test，LAIT）是一种免疫测定法，可用来快速测定家畜乳中或尿中类绒毛膜促性腺激素（hCG-like）或 P_4。此法是根据胚泡的绒毛膜滋养层细胞和胎盘子叶都能分泌类绒毛膜促性腺激素（hCG-like）来进行早期妊娠诊断的。其原理是将hCG吸附于聚苯乙烯乳胶珠上作为抗原，与hCG免疫血清配套作为试剂，供早期妊娠诊断用。LAIT法早孕诊断的灵敏性高，反应迅速，操作简单，容易掌握，工作效率高，且可现场进行，是基层单位值得大力推广的牛早期妊娠诊断方法。

用LAIT测定尿中类hCG进行早期妊娠诊断时，随时收集自然排出的尿液，在洁净的载破片上加1滴待检尿液，再加1滴抗血清，充分搅拌，随后加乳胶抗原1滴，继续搅拌3～5分钟，置于显微镜下检查（100倍）或肉眼观察。出现均匀一致的凝胶颗粒为阴性（未妊娠)，不出现凝胶颗粒为阳性（妊娠)，出现大小不均匀、不一致的漂浮凝块者为假反应。

二、母牛分娩参数

1. 预产期的推算

肉牛的妊娠期大致平均为282天，也可记为9个月零10天，范围为276～285天。母牛妊娠期的长短，因品种、年龄、胎次、营养、健康状况、生殖道状态、双胎与单胎和胎儿性别等因素有差异。如黄牛、肉牛较乳用牛的妊娠期长2天左右，年龄小的母牛较年龄大的母牛妊娠期平均短1天，怀公犊较怀母犊妊娠期长1～2天；双胎较单胎妊娠期减少3～6天；饲养管理条件较差的牛妊娠期较长。

在推算预产期时，妊娠期以280天计算，配种时的月份数减3，日期数加6，即可得到预计分娩日期。例如，某牛10月1日配种，则预产期为10－3＝7（月)；1＋6＝7（日)。即该牛的预产期是下一年的7月7日。如按282～283天计算，可用月份加9，日数加9的方法来推算。

2. 分娩预兆

随着胎儿的逐步发育成熟和产期的临近，母牛身体会发生一系列先兆变化，为保证安全接产，必须安排有经验的饲养人员昼夜值班，注意观察母牛的临产症状。

(1）乳房变化。产前约半个月，孕牛乳房开始膨大，乳头肿胀，乳房皮肤平展，皱褶消失，有的经产牛还见乳头向外排乳。

(2）阴门分泌物。妊娠后期，孕牛外阴部肿大、松弛，阴唇肿胀，如发现阴门内流出透明索状黏稠液体，则 1～2 天内将分娩。

（3）荐坐韧带变化。妊娠末期，荐坐韧带软化，臀部有塌陷现象，在分娩前 12～36 小时，韧带充分软化，尾部两侧肌肉明显塌陷，俗称“塌沿”，这是临产的主要前兆。“塌沿”现象在黄牛、水牛表现较明显，在肉用牛，由于肌肉附着丰满，这种现象不明显。

第四章 肉牛标准化繁殖技术操作规程

第一节 新生犊牛和分娩母牛的护理

一、母牛围产前期的饲养管理

围产前期是指母牛分娩前 2 周，此时胎儿已经发育成熟，母牛腹围粗大，面临着分娩，身体十分笨重。查阅配种记录，计算预产日期。预产前 7～15 天将母牛集中移入产房，由熟练工人负责饲养看护。

临近产期的母牛要停止放牧。精料喂量 1.5～2.0 千克/(头·日)，每天饲喂 3 次。以饲喂优质粗饲料（干草）为主，禁止饲喂玉米青贮和块根等多汁饲料。同时要减少食盐和钙的量，钙含量减至日常喂量的 1/2～1/3，或把日粮干物质中钙的比例降至 0.2%，适当增加麸皮含量，防止母牛产后便秘。以舍饲饲养为主，每天保持 3～4 小时运动，临产前 3 天做 1～2 小时运动，这样可以有效预防难产和胎衣不下。预产前 5～10 天，进行昼夜观察监护，注意观察母牛的采食与乳房变化，做好接产的准备工作。备齐消毒药和急救药品，垫草要柔软、清洁、干燥。

若母牛怀孕前期阴道流出黏液，不断回头看腹部，起卧不安，后期乳房肿大，弓腰尿频姿势，腹痛明显，胎动停止，则是流产预兆，要及时治疗。可用黄体酮 0.5～1 克肌内注射，每天 1 次，连用 4～6 天。

二、母牛分娩与助产

1. 分娩预兆

随着胎儿的逐步发育成熟和产期的临近，母牛身体会发生一系列先兆变化，为保证安全接产，必须安排有经验的饲养人员昼夜值班，注意观察母牛的临产症状。

2. 分娩过程

（1）开口期。从子宫开始阵缩到子宫颈口充分开张为止的一段时间，一般为 2～8 小时（范围为 0.5～24 小时）。这时只有阵缩而不出现努责。初产牛表现不安，时起时卧，徘徊运动，尾根抬起，常作排尿姿势，食欲减退。经产牛一般比较安静，有时看不出有什么明显表现。

（2）胎儿产出期。从子宫颈充分开张至产出胎儿的一段时间，一般持续 0.5～2 小时（范围为 0.5～6 小时）。初产牛通常持续时间较长。若是双胎，则两胎儿排出间隔时间一般 20～120 分钟。这个时期的特点是阵缩和努责同时作用。进入这个时期，母牛常侧卧，四肢伸直，强烈努责，羊膜绒毛膜形成第一胎囊突出阴门外，该囊破裂后，排出淡白或微带黄色半透明的浓稠羊水。胎儿产出后，尿膜才开始破裂，流出黄褐色尿水。有时尿膜绒毛膜囊形成第一胎囊先破裂，然后羊膜绒毛膜囊才突出阴门破裂。在羊膜破裂后，胎儿前肢和唇部逐渐露出并通过阴门，这时母牛稍事休息后，继续把胎儿排出。这一阶段的子宫肌收缩期延长，松弛期缩短，胎儿的头和肩胛骨宽度大，娩出最费力，努责和阵缩最强烈。

(3) 胎衣排出期。从胎儿产出后到胎衣完全排出为止，一般需2~8小时（范围为0.5~12小时）。当胎儿产出后，母牛即安静下来，子宫继续阵缩（有时还配合轻度努责）使胎衣排出。若超过12小时，胎衣仍未排出，即视为胎衣不下，需及时采取处理措施去除胎衣，特别是夏季。处理方法有人工剥离或用药灌注，两者结合使用效果更好。

3. 助产的准备工作

(1) 产房的准备。母牛分娩时要集中精力，任何不良因素都会影响分娩进程。为了分娩的安全，应设有专用产房和分娩栏。产房要求清洁，宽敞，干燥，阳光充足，通风良好，环境安静；产房墙壁、地面要平整，以便于消毒；产房铺垫的褥草不可切得过短，以免仔畜误食而卡入气管内。临产母畜应在预产期前1周左右进入产房，值班人员随时注意观察分娩预兆。

(2) 助产用器械和药品。产房内应该备有常用助产器械及药品，如酒精、碘酒、来苏尔、催产素、药棉、纱布、细线绳、产科绳、剪刀、手术刀、镊子、针头、注射器、手电筒、手套、肥皂、毛巾、塑料布、面盆、胶鞋、工作服、常用手术助产器械等。

4. 正常分娩的助产

分娩是母牛正常的生理过程，一般不需助产，但胎位不正，胎儿过大，母牛娩出无力等情况会给母牛正常分娩带来一定困难，这时需要人为帮助，以确保母子安全。

(1) 清洗产畜的外阴部及其周围部位。当母牛出现分娩先兆时，应将其外阴部、肛门、尾根及后躯洗净，再用0.1%新洁尔灭溶液消毒。

（2）观察母牛的阵缩和努责状态。正常分娩时，子宫肌的收缩（即阵缩）和腹肌、膈肌的收缩（即努责），推动胎儿向产道移动，当胎儿进入产道后，母牛开始弓背闭气努责，属正常生理反应。努责微弱时，胎儿排不出来，或仅排出一部分，或双胎只排出 1 个胎儿后不再努责，属分娩力量不足；当努责过于强烈或努责时间过长，2 次努责间歇时间很短，胎儿迅速排出时，软产道往往会受到严重创伤。如产程过长，子宫颈口已安全开张，胎水已排出，尤其是胎儿已经死亡时，助产人员应采取措施，设法将胎儿拉出。

当胎儿姿势不正常时会造成难产，如果子宫肌出现痉挛性强直性阵缩，母体胎盘血管受到压迫，会使胎儿长期缺氧而窒息，有的还会继发子宫脱出。此时可使母牛站立，抬高后躯，减轻子宫对骨盆的接触和压迫，亦可牵引母牛走动或捏其阴蒂可使努责减弱，必要时可使用麻醉药品。

（3）检查胎儿和产道的关系是否正常。母牛分娩进入产出期后，胎儿的前置部分已经进入产道，当母牛躺卧努责，从阴门可看到胎膜露出时，助产人员可用消毒的手臂伸入产道检查胎儿的方向、位置及姿势是否正常，以便及早发现问题及时矫正。检查时可以隔着胎膜触诊，不要轻易撕破胎膜，也可以在尿囊破裂后进一步检查。

分娩时胎儿是否顺利地产出，与胎儿在子宫内的方向、位置、姿势有密切的关系。胎儿必须在正常胎向、胎位、胎势，分娩时才能顺利通过母牛产道。

胎向是指胎儿的背腰与母牛背腰的关系，分为 3 种：纵向即胎儿的背腰与母牛的背腰呈平行状态，这是正常的胎向，其中胎儿的前肢和头部朝向产道开口的为正生，这种情况下分娩的占多数，胎儿的后肢和臀部朝产道开口的为倒生，这是少数，横向即胎儿横在子宫内，胎儿的背腰和母牛的背腰几乎垂直，背部或腹部朝向产道，这种情况易发生难产。竖向即胎儿竖在子宫内，胎儿的背腰和母体的背腰呈上下垂直，胎儿的头部或上或下，背部或腹部朝向产道，这种情况也易发生难产。

胎位表示胎儿在母体内的位置，以胎儿的背部和母体的背部的相对关系来表示，分为 3 种：上位即胎儿伏卧在子宫内，背部向上，这是正常的胎位；下位即胎儿仰卧在子宫内，背部向下，这是异常的胎位；侧立即胎儿的背部向着母体一侧的腹壁。

胎势是指胎儿本身的姿势。一般头、四肢呈卷曲的姿势。前置是指胎儿的解剖部位与母体骨盆入口的关系，在分娩中胎儿在子宫内通常是纵向的，多数是头前置，背部向上为正生。

检查胎儿的姿势是否正常，主要是通过触诊头、颈、尾及前后肢的形态特点状况，判断胎儿姿势和前置部位，检查蹄底的方向也很重要。胎儿正生时应三件俱全（唇及二前蹄）。如果两前肢露出很长时间而不见唇部，或露出唇部而不见前蹄，可能是头颈侧弯、额部前置、颈部前置，头向后仰等不正常姿势。如果两前肢长短不齐，有可能是肘关节屈曲、肩部前置。如果两前肢长短不齐，有可能是肘关节屈曲、肩部前置。如果只摸到嘴唇而触不到前肢，有可能是肩部前置，两侧腕部前置或肘关节屈曲。倒生时，两后肢蹄底向上、可摸到尾巴。如果在产道内发现 2 条以上的腿，可能是正生后肢前置或倒生前肢前置，可根据腕关节及跗关节的差别做出判断。

在检查胎儿和产道的关系同时，也应检查产道的松软及润滑程度，子宫颈松弛及扩张程度，骨盆腔的大小、软硬及产道有无异常现象，以判断有无发生难产的可能。

（4）处理胎膜。牛的胎膜多是羊膜绒毛膜先形成一囊状物突出于阴门，努责及阵缩加强时，将胎儿向着产道的推力加大，羊膜绒毛膜由于胎盘的牵扯而破裂，流出淡白或微黄色的黏稠羊水。有时尿膜绒毛膜先露出于阴门外破裂而排出褐色的尿水。因此，牛胎儿排出时不会有完整的胎膜包被。在胎儿娩出过程中，不要随意强行撕破胎膜。

（5）保护会阴及阴唇。胎儿头部通过阴门时，如果阴唇及阴门非常紧张，助产员应用手护住阴唇及会阴部，使阴门横径扩大，促使胎儿头部顺利通过，且能避免阴唇上联合处被撑破撕裂。

（6）帮助牵拉胎儿。

①牵拉胎儿的时机：在下述任何一种情况下，应将胎儿牵拉出。

头部通过过慢：正生时胎儿头部、尤其是眉弓部通过阴门比较困难，所需时间较长。为避免母畜过多地消耗体力，助产人员可以帮助牵拉胎儿。

胎儿排出过慢：可能是由于产道狭窄或胎儿某部位过大。

母畜阵缩、努责微弱：无力排出胎儿。

倒生：倒生时脐带常被挤压于胎儿和骨盆底之间，影响血液畅通，可能造成胎儿窒息死亡，需要尽快排出胎儿。

②牵拉胎儿须遵循下述原则。

胎儿姿势必须正常：配合努责牵引比较省力，而且也符合阵缩的生理要求，助手还应推压母畜的腹部，以增加努责的力量。

按照骨盆轴的方向牵拉：牛的骨盆轴是上下曲折的，由腰部向尾部的轴线走向是先向上，再水平，然后向下，牵接胎儿过程也应随这一曲线方向，先向上，待胎儿头颈出阴道口后再水平，在胎儿胸腰出阴道口后向下、向后牵拉。当胎儿肩部通过骨盆入口时，因横径大，排出阻力大，此时牵拉应注意不要同时牵拉两前肢，而应交替牵拉两前肢，使肩部倾斜，缩小横径，容易拉出胎儿。当胎儿臀部将要排出时，应缓慢用力，以免造成子宫内翻或脱出，也避免腹压突然下降，导致母牛脑部贫血，当胎儿腹腔部通过阴门时，应将手伸到胎儿腹下握住脐带，和胎儿同时牵拉，以免将脐带扯断在脐孔内。

三、新生犊牛的护理

1. 保证呼吸畅通

胎儿产出后，应立即擦净口腔和鼻孔内的黏液，以免妨碍犊牛的正常呼吸和将黏液吸入气管及肺内，或在胎儿的口鼻端露出阴门时就擦净其上的黏液。观察呼吸是否正常。如犊牛产出时已将黏液吸入而造成呼吸困难时，可两人合作，握住两后肢，倒提犊牛，拍打其背部，使黏液排出。如犊牛产出时已无呼吸，但尚有心跳，可在清理其口腔及鼻孔黏液后将犊牛在地面排成仰卧姿势，头侧转，按每 6 ~ 8 秒一次按压与放松犊牛胸部进行人工呼吸。

2. 处理脐带

胎犊娩出时，脐带一般被拉断，脐带没有扯断时应将脐血管中的血液捋向胎儿，以增加胎儿体内的血液。剪脐带前应在脐带基部涂上 5% 的碘酊，以细线在距脐孔 5 厘米处结扎，向下隔 3 厘米再打一线结，在两结之间涂以 5% 的碘酊后，用消毒剪剪断，断端应在 5% 的碘酊中浸泡，也可用烙铁断脐，断面再涂以 5% 的碘酊。在卫生条件好的环境里，断脐后可以不作包扎，每天用 5% 的碘酊处理 1 次，以促进其干缩脱落。通常新生犊牛断脐在生后 1 周左右干缩脱落，在脐带干缩脱落前后，要注意观察脐带的变化，出现滴血或排液现象可能是由于脐血管或脐尿管闭锁不全所引起，要及时治疗和结扎。

3. 去软蹄

用手剥去小蹄上附着的软组织（软蹄），避免蹄部发炎。

4. 擦干犊牛体表

犊牛身上的黏液可令母牛舔干，也可用干草擦干。

舔食犊牛身上的羊水能增强母牛子宫的收缩，有利胎膜的排出。

5. 尽早吮食初乳

待体表被毛干燥后，犊牛即试图站立，此时即可人工喂食初乳或令犊牛吸食母乳。一般要求在产后1小时内食入母牛初乳2～4升。

初乳是指母牛分娩后7天内的乳汁。初乳除含有犊牛生长发育所必需的营养物质外，还含有抗体，以及含有大量的镁盐，具有轻泄作用，有助于胎粪排出。初乳与常乳比较有如下特点：营养全面，干物质含量高，易消化，酸度高。干物质中蛋白质的含量比常乳多4～5倍，白蛋白与免疫球蛋白比常乳高几十倍，尤其是免疫球蛋白高约100倍。白蛋白是极易消化的，对初生犊牛特别有利。初乳中的免疫球蛋白从母牛到新生犊牛的被动转移具有极其重要的意义，因为犊牛在5周之内不能获得主动免疫，初乳中的抗体是唯一的免疫球蛋白的来源，可保护小牛出生后随即免受传染病的影响。有相当比例的奶牛犊会发生来自初乳抗体的被动转移失败（failure of passive transfer，FPT）。例如，即使奶牛犊出生后留在他们母体身边12～26小时，估计仍有30%～40%的奶牛犊发生被动转移失败现象。

初乳所含的营养物质常随母牛产后时间的增加而逐渐下降。分娩后30分钟之内第1次所挤的初乳质量最好，第2次、第3次则抗体的浓度降低了30%～40%。犊牛刚生出能较好地吸收初乳中的免疫球蛋白，出生后24～36时，对免疫球蛋白就不能再吸收了，如出生24小时内不能吃上初乳，犊牛对许多病原丧失抵抗力，特别是犊牛大肠杆菌病易引起下痢甚至死亡。小犊牛刚出生时抗体的吸收率约为20%，范围为6%～55%。直到出生后的4～6周时其自身的免疫系统才开始逐渐地产生抗体。

6. 保暖保温

冬季出生的犊牛，除了采取护理措施外，还要搞好防寒保温工作，但不宜用柴草生火取暖，以防犊牛遭烟熏患肺炎等疾病。

7. 保持环境卫生

要保持犊牛舍清洁、通风、干燥，牛床、牛栏应定期用2%火碱溶液冲刷，且消毒药液也要定期更换品种。褥草应勤换。冬季犊牛舍温度要达到18～22℃。当温度低于13℃时新生小牛会出现冷应激反应；夏天通风良好，保持舍内清洁、空气新鲜。新生犊牛最好圈养在单独畜栏内。在放入新生犊牛前，犊牛栏必须消毒并空舍3星期，防止病菌交叉感染。应将下痢小牛与健康犊牛完全隔离。

四、产后母牛的护理

1. 补充水分

在分娩过程中，母体丧失很多水分，产后要及时饮用足够的温盐水、麸皮汤、面汤或麸皮盐水。

2. 清洗消毒

用消毒液清洗母牛的外阴部、尾巴及后躯。因为胎儿娩出过程中会造成产道表浅层创伤，娩出胎儿后子宫颈口仍开张，子宫内积存大量恶露，极易受微生物的侵入，引发产后疾病，因此要做好清洗消毒工作。

3. 观察母牛努责情况

产后数小时内，母牛如果依然有强烈努责，尾根举起，食欲及反刍减少，应注意检查子宫内是否还有胎儿或有子宫内翻脱出、产道是否有异常出血的可能。

4. 检查排出的胎膜

胎儿娩出后，要及时检查胎膜的排出情况，胎膜排出后，应检查是否完整，并注意将胎膜及时从产房移出，防止母牛吞食胎膜。若胎膜不能按时排出，应及时进行处理。产后胎衣排出时间一般在 4 ~6 小时内，不应超过 12 小时。

5. 观察恶露排出情况

恶露最初呈红褐色，以后变为淡黄色，最后为无色透明，正常恶露排出的时间为 10 ~ 12 天。如果恶露排出时间延长，或恶露颜色变暗、有异味，母牛有全身反应则说明子宫内可能有病变，应及时检查处理。

6. 胎衣不下的治疗

胎衣不下又叫胎衣停滞，指母牛产出胎犊后，胎衣不能在正常时间内脱落排出而滞留于子宫内。胎衣脱落时间超过 12 小时，存在于子宫内的胎衣会自溶，遇到微生物还会腐败，尤其是夏季，滞留物会刺激子宫内膜发炎。母牛产后 12 小时内未排出胎衣，就可认为是胎衣不下。

治疗原则是增加子宫的收缩力，促使子母胎盘分离，预防胎衣腐败和子宫感染。

（1）促进子宫收缩。一次肌内注射垂体后叶素 100 单位，或麦角新碱 20 毫克，2 小时后重复用药。促进子宫收缩的药物使用必须早，产后 8 ~ 12 小时效果最好，超过 24 ~ 48 小时，必须在补注类雌激素（己烯雌酚 10 ~ 30 毫克）后半小时至 1 小时使用。灌服无病牛的羊水 3 000毫升，或静脉注射 10% 的氯化钠 300 毫升，也可促进子宫收缩。

（2）预防胎衣腐败及子宫感染。将土霉素 2 克或金霉素 1

克，溶于250毫升蒸馏水中，1次灌入子宫，或将土霉素粉干撒于子宫角，隔天1次，经2～3次，胎衣会自行分离脱落，效果良好。药液也可一直灌用至子宫阴道分泌物清亮为止。如果子宫颈口已缩小，可先注射已烯雌酚10～30毫克，隔日1次，以开放宫颈口，增强子宫血液循环，提高子宫抵抗力。

（3）促进胎儿与母体胎盘分离。向子宫内一次性灌入10%的灭菌高渗盐水1 000毫升，其作用是促使胎盘绒毛膜脱水收缩，从子宫阜中脱落，高渗盐水还具有刺激子宫收缩的作用。

（4）中药治疗。用酒（市售白酒或75%酒精）将车前子（250～330克）拌湿，搅匀后用火烤黄，放凉碾成粉面，加水灌服。应用中药补气养血，增加子宫活力：党参60克、黄芪45克、当归90克、川芎25克、桃仁30克、红花25克、炮姜20克、甘草15克，黄酒150克做引。体温高者加黄芩、连翘、二花，腹胀者加莱菔子，混合粉碎，开水冲浇，连渣服用。

（5）手术治疗。即胎衣剥离。施行剥离手术的原则是胎衣易剥离的牛，则坚持剥离，否则，不可强行剥离，以免损伤母体子叶，引起感染。剥离后可隔天布散金霉素或土霉素。同时配合中药治疗效果更好：黄芪30克、党参30克、生蒲黄30克、五灵脂30克、当归60克、川芎30克、益母草30克，腹痛、瘀血者加醋香附25克、泽兰叶15克、生牛夕30克，混合粉碎，开水冲服。

第二节　母牛带犊繁育

一、建立母牛带犊繁育体系

结合犊牛的生长发育特点及母牛的产后生殖生理特点，针对肉牛母牛带犊饲养体系的特殊性，将传统的饲养技术与现代饲养技术综合配套，建立母牛带犊体系，解决母牛带犊体系中妊娠阶段补饲及产后母牛饲养管理等各方面易出现的问题，推行犊牛代乳粉的使用及早期犊牛补饲技术等，依据犊牛生产方向的不同确定不同的饲养方案。

胚胎移植受体母牛的带犊体系，要针对纯种肉牛的生长发育曲线，制定具体的增重指标，按时称重和体尺测量，积累育种资料，监控生长发育状况，适时调整饲料配方和饲喂量等。针对纯种肉牛早期生长发育速度快和作为受体牛产奶量低的情况，开展犊牛补饲工作，在犊牛 1 月龄时，即配制犊牛料，由其自由采食。对于胚胎移植预留种牛犊牛的管理，采取统一措施：①除已有产犊母牛外还要补充几头保姆牛，专人饲养，每日补给适量鱼肝油。②出生时统一注射破伤风抗毒素。③出生 1 周内预防性内服抗菌药以提高犊牛抗病力。④犊牛栏内改硬面牛床为沙土软面牛床。⑤配制专用犊牛饲料，抓好开饲和补饲关。通过以上措施，可提高胚胎移植所产犊牛的成活率和各种生长指标。

二、常乳期的哺喂和补饲

犊牛经过 5 ~ 7 天初乳期之后开始哺喂常乳，至完全断奶的这一阶段称为常乳期。这一阶段是犊牛体尺、体重增长及胃肠道发育最快的时期，尤其以瘤胃、网胃的发育最为迅速，此阶段是由真胃消化向复胃消化转化、由饲喂奶品向饲喂固体料过渡的一个重要转折时期。

肉用杂交犊牛随母牛自然吃乳，因此要随时观察母牛泌乳情况，如遇乳量不足或母牛乳房疾病，应及时改善饲养条件或治疗。如出现乳量过于充足造成犊牛腹泻的情况，应人工挤掉一部分奶，暂时控制犊牛哺乳次数和哺乳量，并及时治疗腹泻。如有条件最好把母牛与犊牛隔开，采用自然定时哺乳的方法，一昼夜哺乳 4 ~ 6 次，但必须让犊牛准时哺喂。如果舍饲管理，2 周以后应当训练犊牛采食少量精料和铡短的优质干草。4 周龄后可投放少量混合精料饲喂犊牛，以促进犊牛的瘤胃发育，为必要的补饲和断奶后采食大量的饲草料创造条件。在圈舍或运动场内必须备有清洁新鲜饮水，供犊牛随时饮用。为保证母牛按时发情、配种和正常怀孕，必须及时断奶。如果犊牛出生体重太小或曾患病，可通过加强饲养的办法弥补，不应延长哺乳期。

犊牛的哺乳期应根据犊牛的品种、发育状况、牛场（农户）的饲养水平等具体情况来确定。精料条件较差的牛场，哺乳期可定为 4 ~ 6 个月；精料条件较好的牛场，哺乳期可缩短为 3 ~ 5 个月；如果采用代乳粉和补饲犊牛料，哺乳期则为 2 ~ 4 个月。

1. 哺喂常乳的方法

一般肉用犊牛采用自然哺乳，最好用母亲的常乳喂养。如果母牛产后死亡、虚弱、缺乳或母性不佳，不能进行自然哺乳时，可寻找奶水充足的其他母牛代喂养，或人工哺乳。

人工哺乳时初乳、常乳变更应注意逐渐过渡（4 ~ 5 天），以免造成消化不良。同时做到定质、定量、定温、定时饲喂。

实践证明，给予高乳量长时间哺乳期饲养的犊牛，虽然犊牛增重快，但对其消化器官的锻炼和发育很不利；而且加大了饲养成本，母牛产后长时间不能发情配种。所以应当减少哺乳量和缩短哺乳期。哺乳方案多采用“前高后低”，即前期喂足奶量，后期少喂奶，多喂精粗饲料。肉用犊牛 3 ~ 4 月龄断奶的培育方案如表 4 – 1 所示。

表 4-1　肉用犊牛 3～4 月龄断奶的培育方案　　千克

日龄/天	全奶		精料	干草	青贮或秸秆
	日喂量	全期喂量			
0～7	初乳（4.0）	30	—	—	—
8～20	5.0	60	训食	训食	—
21～30	7.0	70	自由	自由	—
31～40	6.0	60	0.5	0.2	—
41～55	5.0	75	1.0	0.4	—
56～70	4.0	60	1.5	0.8	训食
71～90	2.0	40	2.0	1.0	自由
91～120	1.0	30	2.0	1.0	自由

注：哺乳量合计约 430 千克全乳，120 天哺乳期

（1）随母哺乳法。犊牛出生后每天跟随母牛哺乳、采食和放牧，哺乳期为 5 个月左右，长者 6～7 个月，这样容易管理，节省劳动力，是目前多数养殖户选用的培育方法。但该法不利于母牛的管理，会加大母牛的饲养管理成本，小型的肉牛繁育场或农户可采用此法。

（2）保姆牛哺乳法。即 1 头产犊母牛同时哺育 2～3 头出生时间相近的犊牛，应注意选择产奶量较高、哺乳性能好、健康无病的母牛做保姆牛，喂奶时母子在一起，平时分开，轮流哺乳。这种方法可节约母牛的饲养管理成本，也节约劳动力，但缺点是会传染疾病，建议卫生条件好的大中型肉牛繁育场采用。

（3）人工哺乳法。对乳肉兼用和一些因母牛产后泌乳少或没有母乳可哺喂的犊牛，应对犊牛采取人工哺乳。国际上一些先进的肉牛繁殖场采取 90 日龄分期人工哺乳育犊方案：哺乳天数 90 天，总喂乳量 500 千克全乳。1～10 日龄，5 千克/天；11～20 日龄，7 千克/天；21～40 日龄，8 千克/天；41～50 日龄，7 千克/天；51～60 日龄，5 千克/天；61～80 日龄，4 千克/天；

81～90 日龄，3 千克/天。

人工哺乳的方式有桶喂和带奶嘴的奶壶喂 2 种，后者较好。如用桶喂，奶桶要固定，开始几次要用手引导犊牛吸入，喂完后用干净毛巾擦干犊牛嘴角周围。

犊牛在吸吮母牛乳头或用奶嘴吸吮液体饲料时，能反射性地引起食管沟两侧的唇状肌肉收缩卷曲，使食管沟闭合成管状，形成食管沟闭合反射。在用桶、盆等食具给犊牛喂乳时，由于缺乏对口腔感受器的吮吸刺激作用，食管沟闭合不完全，往往有一部分乳汁流入瘤胃和网胃，经微生物作用发酵、产酸，造成犊牛的消化不良。

2. 尽早补饲犊牛精料和干草以刺激瘤胃发育

随着哺乳犊牛的生长发育、日龄增加，每天需要养分增加，而母牛产后 2～3 个月产乳量逐渐减少，出现单靠母乳不能满足犊牛养分需要的矛盾。同时为了促进瘤胃的发育，在犊牛哺乳期，应用“开食料”和优质青草或干草进行补饲。

犊牛生后 2～3 周开始训练采食犊料，最好是直径 3～4 毫米、长 6～8 毫米的颗粒料和优质禾本科、豆科干草。这些饲料在此期间虽不起主要营养作用，但能刺激瘤胃的生长发育，草料对犊牛胃发育的影响见表 4－2。

表 4－2　草料对犊牛胃发育的影响

饲料	周龄	头数	胃容积/（毫升/千克体重）		胃重占体重的/%		乳头状态［（毫米·根）/米^2］			
			瘤网胃	瓣皱胃	瘤网胃	瓣皱胃	最大高	平均高	密度	色调
全奶	4	2	42.3	30.2	0.58	0.72	1.6	0.53	601	白
	8	2	73.3	21.6	0.58	0.63	1.2	0.48	665	白
奶料草	4	2	86.5	58.7	1.04	0.94	2.5	0.79	529	暗褐
	8	2	101.5	42.7	1.85	1.09	6.2	1.54	245	暗褐

由表4－2可见，喂全奶犊牛8周龄的胃容积，胃重及乳头状态的发育，远不及喂奶、料、草犊牛4周龄发育好。特别是胃重和胃乳头高度，8周龄时喂奶、料、草犊牛是喂全奶犊牛的3倍。犊牛大约在出生后20天即开始出现反刍，并伴有腮腺唾液的分泌。许多瘤胃微生物特别是原虫要通过唾液从其他反刍动物中获得，而其他瘤胃微生物则通过被污染的饲草料进入体内。到7周龄时，犊牛已形成比较完整的瘤胃微生物区系，具有初步消化粗饲料的能力。如果早期喂给精料，可以加速瘤胃发育。瘤胃微生物区系的繁殖、瘤胃的发酵产物挥发性脂肪酸（VFA），对瘤胃容积和瘤胃黏膜乳头的发育有刺激生长的作用。

3. 由哺乳过渡到采食饲料的技术

犊牛刚出生时瘤胃不具备消化功能，促使犊牛瘤胃发育使犊牛达到目标体重的唯一方法是及早饲喂犊牛料和优质干草，尽早对犊牛补饲精、粗饲料。由于精、粗饲料的刺激，会促进瘤胃的发育，建立正常的瘤胃微生物菌群，促进犊牛生长。

（1）补料时间。为了促进犊牛瘤胃发育，提倡早期补料。一般于生后第1周可以随母牛舔食精料，第2周可试着补些精料或使用开食料、犊牛料补饲，第2、第3周补给优质干草，自由采食（通常将干草放入草架内，防止采食污草），也可在饲料中加些切碎的多汁饲料，2～3月龄以后可喂秸秆或青贮饲料。

（2）补饲方法。为了节省用奶量，提高犊牛增重效果和减少疾病的发生，所用的混合精料要具有热能高、容易消化的特点，并要加入少量的抑菌药物。补料时在母牛圈外单独设置犊牛补料栏或补料槽，每天补喂1～2次，补喂1次时在下午或黄昏进行，补喂两次时，早、晚各喂1次。补料期间应同时供给犊牛柔软、质量好的粗料，让其自由采食，以后逐步加入胡萝卜

(或萝卜)、地瓜、甜菜等多汁饲料。补饲饲料量随日龄增加而逐步增加，尽可能使犊牛多采食。根据母乳多少和犊牛的体重来确定喂量，2月龄日喂混合料0.2~0.3千克；3月龄日喂混合料0.3~0.8千克；4月龄增加到0.8~1.2千克；5月龄1.2~1.5千克；6月龄1.5~2千克。

有条件时可设立犊牛哺饲栏，从2~3月龄开始，在母牛圈外单独设置补料栏或补料槽，以防母牛抢食，栏高1.2米，间隙0.35~0.4米，犊牛能自由进出，母牛被隔离在外。

(3) 精料的补喂方法。犊牛生后15天左右，开始训练吃精料。初喂时可磨成细粉，与食盐、骨粉等矿物质饲料混合，涂擦犊牛口鼻，教其舔食。喂量由最初的10~20克，增加到数日后的80~100克，一段时间后，再喂混合好的湿拌料。喂时将混合精料与水1:2.5混合成湿稠料，开始时，按1:10的比例用水做成稀料喂给犊牛，也可在一开始就饲喂湿拌料，将混合精料与水按1:(2.0~2.5)，以后逐渐改为固态湿拌料，2月龄犊牛喂湿拌料。

犊牛精料要求高能量，易消化，适口性好，刺激瘤胃迅速发育，蛋白质含量符合犊牛生长需求，原料质量好，可添加其他特定添加剂以预防疾病，减少发病率，如额外加入寡聚糖、有机硒、必需脂肪酸等；有条件犊牛料可制成颗粒状，直径为4~8毫米。犊牛料的采食量1周内诱食量很少，随着犊牛成长而喂量增加，2~8周龄犊牛精料饲喂量如表4-3所示。犊牛精料营养要求含粗蛋白19%~21%、粗脂肪5%、粗纤维5%~8%、钙1.2%、磷0.8%，混合精料根据犊牛营养需要配制，犊牛出生后3~30日龄，可每天补喂一定量的抗生素，以防止下痢，不同阶段犊牛料配方见表4-4。

表4-3 2~8周龄犊牛精料饲喂量 千克

周龄	2	3	4	5	6	7	8
添加量	0.075	0.175	0.275	0.5	0.6	0.8	1.0

表4-4 不同阶段犊牛料配方

日龄	玉米	麸皮	豆粕	其他杂粕	乳清粉	全(脱)脂奶粉	过瘤胃脂肪	磷酸氢钙	石粉	食盐	维生素微量元素预混料
15~30	35	10	25	0	10	8	5	3	2	1	1
31至断奶	40	15	26	0	5	5	2	3	2	1	1
断奶后	45	20	15	13	0	0	0	3	2	1	1

（4）补喂干草。从3周龄开始，在牛栏的草架内添入优质干草（如豆科青干草等），训练犊牛自由采食，以促进瘤网胃发育，防止犊牛舔食异物。最初每天10~20克，2月龄可达1~1.5千克。在夏秋季，有条件时犊牛可随母牛放牧，并逐步增加普通饲料。

（5）补喂多汁饲料。一般犊牛出生后20天开始饲喂。在混合精料中，加入切碎的胡萝卜或甜菜、幼嫩青草等。最初每天20~25克，以后逐渐增加，到2月龄时可增加到1~1.5千克，3月龄为2~3千克。

（6）饲喂青贮饲料。由2月龄开始饲喂，最初每天100~150克，3月龄时可增加到1.5~2.0千克。

三、犊牛哺乳期的管理

犊牛哺乳期的生长发育直接关系到以后的增重，因此必须加强哺乳期犊牛管理，使犊牛4~5月龄断奶体重一般达到135~155千克，即哺乳期平均日增重应为500~600克以上。如为检查饲养效果，每月应称重1次，达不到日增重要求时应及时采取补饲措施。必须强调的是如果犊牛期尤其是4月龄内生长发育不良，后期生长中将无法弥补这种缺陷。

1. 哺乳期的适宜环境

犊牛哺乳期牛舍的基本条件要求如下。

（1）犊牛哺乳期或随母混养或单圈饲养（有条件可建犊牛圈或犊牛岛）或小群饲养（如3～5头小圈饲养），每头犊牛要3～4米^{2}运动场，使犊牛在圈内可做适当运动，以补户外运动不足，哺乳（喂奶）时仍采用单桶饲喂或随母哺乳。

（2）舍内温度为10～20℃，相对湿度为70%～80%，保持干燥清洁。

（3）舍内光照充足，采光系数1∶（10～12），冬季阳光能直射在牛床上。

（4）备有充足而干燥的垫草，一次性的厚垫草以稻壳最好。

（5）具有充足而清洁的饮水。舍内设饮水槽，供给充足饮水，每天清洗1次，以保证饮水清洁。并可在饮水槽附近设盐砖，供自由舔食。

（6）舍内通风换气良好。空气流速冬季0.1米/秒，夏季0.2米/秒，无贼风。

搞好犊牛舍内空气卫生，防止肺炎发生。犊牛生后的3～8周龄时容易发生肺炎，对犊牛健康造成严重威胁，死亡率也高。肺炎是空气中的有害作用（空气中病原菌及有害气体的浓度），超过了动物本身依靠呼吸道黏膜上皮的机械保护作用和机体所产生抗体的生物免疫作用的限度而产生的，是机体内平衡作用丧失的结果，因此搞好犊牛及其舍内空气卫生．对预防犊牛肺炎是非常重要的。

2. 哺乳卫生

犊牛出生后1周内，宜用哺乳器喂奶，3周龄后可用奶桶哺喂。每次使用哺乳用具后，都要及时清洗、消毒，饲槽也应刷洗干净，定期消毒。每次喂完奶，要使用干净的毛巾将犊牛口、鼻周围残留的乳汁擦干，防止互相乱舔而养成“舔癖”。舔癖的危害很大，常使被舔的犊牛造成脐带炎或睾丸炎，以致影响生长发育。同时，有这种舔癖的犊牛，容易舔吃牛毛，久之在瘤胃中形成许多扁圆形的毛球，往往堵塞食道、贲门或幽门而致犊牛死亡。

3. 运动

运动能锻炼牛体质，增进健康，犊牛出生7～10天后，可随母牛牵至室外或运动场内自由运动0.5小时，以后逐渐增加到2～4小时。每天分上午、下午进行1次，但应注意防寒、防暑；在舍饲条件下犊牛在运动场进行逍遥运动。但在下雨或冬季寒冷时，不要让犊牛躺卧在潮湿或冰冷的地面上，在夏季必须有遮阳条件。运动场要设草架和水槽，供给充足的清洁饮水，任其自由饮用；设盐槽或盐砖，供自由舔食。

4. 去角

对于将来作育肥饲养的犊牛，去角更有利于管理，减少顶撞造成外伤。

5. 刷拭与皮肤卫生

用软毛刷每天轻轻刷拭皮肤1～2次，可促进皮肤的血液循环和呼吸，以利于皮肤的新陈代谢，保持皮肤清洁，防止体表寄生虫寄生。犊牛期，刷拭起着按摩皮肤的作用，能促进皮肤呼吸及血液循环，加强代谢作用，有利于犊牛生长发育。同时，通过刷拭，保持牛体清洁，防止外寄生虫滋生，使犊牛养成驯良的性格，所以，每天要刷拭1～2次。刷拭时使用毛刷，逆毛去顺毛归，从前到后，从上到下，从左到右，刷遍全身。禁用铁篦子直接挠，以免刮伤皮肤。若粪结痂粘住皮毛，要用水润湿，软化后刮除。

6. 预防接种

结合当地牛疫病流行情况，有选择地进行各种疾病疫苗的接种，如口蹄疫、魏氏梭菌、气肿疽、布氏杆菌、结核等。

7. 犊牛栏（舍或圈）的管理

犊牛出生后，应及时放进保育栏内，每栏1犊，隔离管理。出产房后，可转到犊牛栏中，集中管理，每栏可容纳4~5头。栏内要保持清洁干燥，并铺以干燥垫草，做到勤打扫、勤更换。犊牛舍内地面、围栏墙壁应清洁干燥，并定期消毒。舍内应有适当的通风装置，保持阳光充足，通风良好，空气新鲜，夏防暑，冬防寒。

8. 健康观察

平时对犊牛进行仔细观察，可及早发现有异常的犊牛，及时进行适当的处理，提高犊牛育成率。观察的内容包括：①观察每头犊牛的被毛和眼神。②每天2次观察犊牛的食欲以及粪便情况。③查有无体内外寄生虫。④注意是否有咳嗽或气喘。⑤留意犊牛体温变化，正常犊牛的体温为38.5~39.2℃，当体温高达40.5℃以上即属异常。⑥检查干草、水、盐以及添加剂的供应隋况。⑦检查饲料是否清洁卫生。⑧通过体重测定和体尺测量检查犊牛生长发育情况。⑨发现病犊应及时进行隔离，并要求每天观察4次。

9. 调教管理

管理人员必须用温和的态度对待犊牛，经常接近它，抚摸它，刷拭牛体，使其养成驯良的性格。

10. 犊牛断乳

犊牛断奶是提高母牛生产性能的重要环节，犊牛一般经过4~6个月的哺乳和采食补料训练后，生长发育所需的营养已基本得到满足，可以进行断奶。断奶时体重超过100千克以上，其消化机能已健全，已能利用一定的精料及粗饲料，一般能采食1.5千克精料。断奶时可用逐渐断奶，将母子分开。具体方法是将母牛和犊牛分离到各自牛舍，减少日哺乳次数，最初可隔1日，而后隔2日哺1次母乳，直至彻底断奶（完全离乳）。其次应逐渐增加精料的饲喂量，使犊牛在断奶期间有较好的过渡，不影响其正常的生长发育。断奶后保持原来饲养方案并加强营养，日喂精料1.5~2.0千克，优质的青、干草任意采食。

四、早期断奶母犊培育技术

在肉用犊牛培育过程中，为了提高犊牛生长速度，提高母牛繁殖率，可采用早期断奶方式。早期断奶，具有降低犊牛培育成本和死亡率、促进消化器官的迅速发育、减少消化道疾病的发病率、充分发挥母牛生产力的作用。一般情况下，60~90日龄的犊牛日采食精料量达到1.2~1.5千克时，即可断奶。犊牛早期断奶能否成效，关键是提早补饲给犊牛营养丰富的全价代乳粉和犊牛料。通过早期断奶，饲养和培育公牛犊作肉用育肥，提高资源利用率，通过早期培育，提高母犊育成的效率。同时，早期断奶可促使母牛尽快恢复体况，提早发情配种，是提高母牛繁殖率的重要措施。经过早期断奶和补料的犊牛断奶后进行育肥，周岁体重可达到420千克，可当年出栏；而不补料的断奶犊牛育肥，至少在14~15月龄时才能达到出栏体重。

1. 采用早期断奶技术对犊牛的影响

犊牛在哺乳期的饲养管理是实现其从单胃消化转化为复胃消

化、从以牛乳营养为主转向以草料营养为主过渡、从液体为主要食物转变到以固体为主要食物的一个非常重要的饲养管理阶段。优化犊牛在哺乳期的两个转化过程、缓解肉牛应激是研究饲养技术的关键。传统的方法，肉牛犊牛出生后一般都是和母牛同圈饲养6个月左右才断奶。在这种断奶情况下，断奶中后期母乳就已无法满足犊牛生长发育的营养需要，特别是改良杂种犊牛的营养需要，这就会导致犊牛的瘤胃和消化道发育相对迟缓，生长发育不完全最终就会影响断奶后的生长发育。

目前，各地研究单位、养殖场对犊牛采取早期断奶技术的方法思路大致类似，即对犊牛进行早期断奶、早期补饲2个环节的操作，最终完成犊牛的早期断奶。研究指出，在早期断奶阶段，使用犊牛代乳粉有利于提早锻炼犊牛的消化道，及早增强犊牛适应粗饲料的能力，促使犊牛的消化功能较早发育，从而发挥生产潜能。试验表明，饲喂代乳粉可提高犊牛的免疫力，减少犊牛的腹泻率；代乳粉对犊牛的生长发育没有不良影响；犊牛的增重情况与哺乳的犊牛接近；在早期断奶期间及时进行早期补饲，可以促进瘤胃的早期发育。有研究表明，犊牛进食牛乳或乳蛋白源代乳品不利于前胃正常发育，尽管这些组织器官也会生长，但胃壁会变薄而且乳头发育受到抑制，然而一旦犊牛进食干性饲料，前胃的容积、组织重量、肌肉组织和吸收能力都会出现快速增长。早期补饲的犊牛在6~8周龄时，瘤网胃发育即可达到一定程度，成年后的瘤胃体积比一般饲养情况下更大，从而为高产或高生长速度奠定良好的基础。应用早期断奶技术培育的犊牛，能给犊牛后期生长、生产性能的发挥带来比较理想的效果。

2. 采用早期断奶技术对母牛的影响

母牛在生产后需要哺乳犊牛，在此期间慢慢恢复体质。采用早期断奶技术使犊牛提早断乳离开母牛，可以让母牛尽快恢复体质，缩短产后发情时间，促进母牛发情和配种，使母牛尽快进入下一个繁殖周期。这方面的作用对肉牛养殖意义重大，早期断奶技术间接提高了母牛繁殖利用率和肉牛养殖的综合效益。早期断奶技术不仅能促进犊牛的生长发育，还可以缩短产仔母牛的产犊间隔，提高养殖效益。

3. 犊牛早期断乳方案

犊牛早期断乳方案的拟订要根据人工乳、代乳粉的生产水平，犊牛饲养管理技术水平和现代化设备条件等方面来具体安排。犊牛早期断乳在生产中已经普遍应用，人工乳配合技术不断完善，可在犊牛吃完初乳后采用人工乳完全代替全乳。人工乳是干粉，使用方法按说明书进行，一般用温水稀释 8 ~ 10 倍哺喂，1 天只喂 2 次，每次用 200 ~ 250 克人工乳粉，加水 1.5 ~ 2 千克溶解后喂给。如果同时备有优质的犊牛开食料供自由采食，2 ~ 3 月龄就可断奶。具体方法如下。

（1）生后 1 周内喂给初乳。犊牛应吃其亲生母亲所产的初乳。

（2）从 8 日龄至 35 日龄的 4 周内，将人工乳 1 日 2 次早晚定时喂给。前 2 周内喂量 200 克/天，后 2 周内 250 克/天。喂法：将人工乳溶于 6 倍量的温水（40℃）中喂给。多采用水桶直接哺喂。

（3）从 8 日龄至 3 月龄，除喂人工乳外，同时不断喂给开食料和优质干草。犊牛从 11 日龄开始，除喂全乳外，也可以饲喂营养完全的代乳粉。从生后 36 日龄停喂人工乳，而只给开食料和干草。哺喂人工乳期间，开食料的喂量 100 ~ 200 克/天；停喂人工乳后，迅速上升到 1 000 ~ 3 000 克。

4. 开食料的配制与喂法

开食料能起到促使犊牛由以乳为主的营养向完全采食植物性

饲料过渡的作用，配成犊牛易于消化吸收而又能满足过渡期营养需要的精饲料，形态为粉状或颗粒状。

(1) 开食料的配制。开食料是根据犊牛消化道及其酶类的发育规律所配制的，能够满足犊牛营养需要，适用于犊牛早期断奶所使用的一种特殊饲料。其特点是营养全价，易消化，适口性好，它的作用是促使犊牛由以吃奶或代乳品为主向完全采食植物性饲料过渡，开食料富含维生素及微量元素矿物质等。此外，开食料一般也含有抗生素如金霉素或新霉素，驱虫药如拉沙里菌素、癸氧喹啉以及益生菌等。通常，开食料中的谷物成分是经过碾压粗加工形成的粗糙颗粒，以利于促进瘤胃蠕动，可在开食料中加入5%左右的糖蜜，以改善适口性。

从犊牛生后的第2周开始提供，任其自由采食。在低乳量的饲养下，犊牛采食开食料的量增加很快，到1月龄时已能吃到0.5～1千克/天左右，等到50～60日龄以后，吃到1.5千克/天时，便可断乳，并限制开食料的给量，向普通配合料过渡。犊牛总计消耗20～30千克开食料。

(2) 开食料的饲喂方法。第10～15天，每天中午1次，每次将50克代开食放入盆（桶）中，加开水150～200毫升，冲成稀粥料，降温让犊牛自由舔食。如果不采食开食料，可用手指取料，往犊牛的口里或嘴边抹，进行强制训饲。第16～21天，犊牛采食开食料，吃的比较干净时，每天喂料增加到100～200克。第22～30天，犊牛开食料喂量增加到400～500克。购买的粉料，用凉水浸泡30分钟后，让犊牛自由舔食。颗粒料可直接放入槽中或料盆中自由采食。购买的粉料或颗粒料勿用开水浸泡，以防止料中的营养成分因高温而失效。

5. 早期植物性饲料的饲喂

犊牛要早日断奶，必须提早补喂料草，可促进消化器官发育，提高犊牛质量，促进瘤胃显著发育，减少消化道疾病的发生，提高犊牛成活率。

（1）精料。犊牛出生后10～15天开始训练采食精料。初喂时可将精料磨成细粉，并与食盐、石粉等矿物质饲料混合，涂擦于口腔、鼻部，使其感受味道和气味，教其舔食。最初每天每头喂干粉料10～20克，逐渐增加，数日后可增至80～100克。待适应一段时间后，便可训练犊牛采食“干湿料”，即将干粉料用温水拌湿，经糖化后饲喂，这样可提高适口性，增加采食量。要注意不能喂给酸败饲料，以防止引起下痢。干湿料的喂量随日龄而增加，到1月龄时，每天能采食250～300克，2月龄达500克左右。犊牛精料的配合，应依据其年龄和生理需要而不同。为预防下痢等消化道疾病，可饲喂含有抗生素的饲料。如每天补喂金霉素1万单位，30天后停喂，犊牛的日增重可提高7%～16%，高的可达30%，下痢发生率大大降低。在卫生条件较差的情况下，效果更为明显。

（2）干草。犊牛生后20～25天，开始训练采食干草，在犊牛栏的草架上放置优质干草，任其自由采食和咀嚼，可促进瘤胃发育，并可防止舔食脏物。

（3）多汁饲料饲喂。犊牛生后40天开始，在混合精料中加入切碎的胡萝卜，开始每天每头20～25克，以后逐渐增加，到2月龄时可喂到1～1.5千克。如无胡萝卜，也可以喂南瓜、甜菜等，但饲喂量要适当减少。需要注意的是多汁饲料要切碎，避免整个吞入堵塞食管，发生危险。

（4）青贮饲料投喂。从犊牛2月龄时开始喂给青贮饲料，最初饲喂量100～150克/（头·日），3月龄时可喂到1.5～2.0千克/（头·日），4～6月龄时增至4～5千克/（头·日）。

五、断奶至6月龄母犊的饲养管理

断奶犊牛一般是指从断奶到6月龄阶段的犊牛，此阶段是犊牛消化器官发育速度最快的时期，发育中的瘤胃体积也不断扩大，犊牛的营养需要也在不断变化。当犊牛2.5月龄断奶时，它的瘤胃很小，尚未得到完全发育，尚不能够容纳足够的粗饲料来满足生长需要，此时要注意补饲饲料的质量以不断满足其对蛋白质和维生素的需要。断奶母犊牛的培育目标：①犊牛的日增重平均为760克。②6月龄的体重达到170～180千克，体高为95～100厘米，体长为100～115厘米。③6月龄时，犊牛日粮干物质采食量应达到4～4.5千克/天。④犊牛（6月龄时）混合精料喂量2千克/天。

1. 断奶至6月龄母犊牛的饲养

犊牛断奶后，继续喂开食料（或犊牛料）到4月龄，日喂精料应在1.5～2.0千克，以减少断奶应激。4月龄后方可换成育成牛或青年牛精料，以确保其正常的生长发育。6月龄前的犊牛，其日粮中粗饲料主要功能仅仅是促使瘤胃发育。4～6月龄犊牛对粗饲料干物质的消化率远低于谷物，其粗饲料的适口性和品质就显得尤为重要。饲养时可选用商用犊牛生长料加优质豆科干草或豆科禾本科干草混合物，自由饮水，饲料中添加抗球虫药，并保持适当的通风条件。一般犊牛断奶后有1～2周日增重较低，且毛色缺乏光泽、消瘦、腹部明显下垂，甚至有些犊牛行动迟缓，不活泼，这是犊牛的前胃机能和微生物区系正在建立、尚未发育完善的缘故。随着犊牛料采食量的增加，上述现象很快就会消失。

2. 断奶至6月龄犊牛的管理

犊牛断奶后，如果牛舍条件较差，很有可能成为犊牛死亡的主要原因，这一阶段的犊牛舍要求有一个干燥的牛床，充分的新鲜空气，清洁的环境，使牛感到舒适。

犊牛断奶后进行小群饲养，将年龄和体重相近的牛分为一群，每群 10 ~ 15 头。日粮中应含有足够的精饲料和含有较高比例的蛋白质，一方面满足犊牛的能量需要，另一方面也为犊牛提供瘤胃上皮组织发育所需的乙酸和丁酸。日粮一般可按 1.8 ~ 2.2 千克优质干草、1.8 ~ 2.0 千克混合精料进行配制。

六、哺乳母牛的饲养管理

1. 哺乳母牛的饲养

哺乳期母牛的主要任务是泌乳，母牛产前 30 天到产后 70 天是母牛饲养的关键 100 天，哺乳期的营养对泌乳（关系到犊牛的断奶重、健康、正常发育）、产后发情、配种受胎都很重要。哺乳期母牛的营养需要见附录表 4。哺乳期母牛的热能、钙磷、蛋白质都较其他生理阶段的母牛有不同程度的增加，日产 7 ~ 10 千克乳的体重 500 千克母牛需进食干物质 9 ~ 11 千克，可消化养分 5.4 ~ 6.0 千克，净能 71 ~ 79 兆焦，日粮中粗蛋白质量为 10% ~ 11%，并应以优质的青绿多汁饲料为主，组成多样，哺乳母牛日粮营养缺乏时，会导致犊牛生长受阻，易患下痢、肺炎、佝偻病，而且这个时段的生长阻滞的补偿生长在以后的营养补偿中表现不佳，同时营养缺乏还导致母牛的产后发情异常，受胎率降低。

分娩 3 个月后，母牛的产奶量逐渐下降，过大的采食量和精料的过量供给会导致母牛过肥，也会影响发情和受胎，在犊牛的补饲达到一定程度后应逐渐减少母牛精料的喂量，保证蛋白质及微量元素、维生素的供给，并通过加强运动、给足饮水等措施，避免产奶量的急剧下降。

2. 哺乳母牛的管理

对舍饲牛，每天让其自由活动3～4小时，或驱赶1～2小时，以增强母牛体质，增进食欲，保证正常发情，预防胎衣不下或难产以及肢蹄疾病，同时有利于维生素D的合成。每年修蹄1～2次，保持肢蹄姿势正常。每天刷刮牛体1次，梳遍牛体全身，保护牛体清洁，预防传染病，并增加人畜情感。在整个哺乳期要注意母牛乳房卫生，环境卫生，防止因乳房污染引起的犊牛腹泻、母牛乳房炎的发生。

加强母牛疾病防治，产后注意观察母牛的乳房、食欲、反刍、粪便，发现异常情况及时治疗。做好犊牛的断奶工作，断奶前后注意观察母牛是否发情，便于适时配种。配种后2个情期，还应观察母牛是否有返情现象。

3. 哺乳母牛的放牧管理

放牧期间的充足运动和阳光浴以及牧草中所含的丰富营养，可促进牛体的新陈代谢，改善繁殖机能，增强母牛和犊牛的健康。

(1) 春季放牧。

①春季要在朝阳的山坡或草地放牧，适宜的放牧时间是禾本科牧草开始拔节或生长到10厘米以上时。

②春季开始放牧青草时，每天放牧2～3小时，逐渐增加放牧时间，最少要经过10天后才能全天放牧。

③放牧后适当补饲干草或秸秆（2～4千克），有条件的夜晚补足粗料任其自由采食。

④哺乳期前3个月的母牛，每日补充精料0.2～0.8千克，未足5周岁及瘦弱空怀母牛，每日补料0.5～1.0千克。

(2) 夏季放牧。夏季可于离牛舍较远处放牧，为减少行走消耗的养分，可建临时牛舍，以便就地休息。炎热时，白天在阴凉处放牧，早晚于向阳处放牧，最好采用夜牧或全天放牧。

（3）秋季放牧。秋季夜晚气温下降快，常低于牛的适宜温度，要停止夜牧，要充分利用好白天放牧，抓好秋膘。

（4）冬季放牧。北方冬季寒冷，采食困难，应改放牧为舍饲，可充分利用青贮、秸秆、干草等喂牛，精饲料要按营养需要配制，以使肉牛冬季不掉膘。

若冬季必须放牧时，也要在较暖的阳坡、平地、谷地放牧，要晚些出牧，早些回圈，晚间补喂些秸秆。冬季牛长期吃不到青草，每头牛每天应喂0.5～1千克的胡萝卜或0.5千克的苜蓿干草，或2千克的优质干草，也可按每头牛每天在日粮中加入1万～2万国际单位维生素A，哺乳母牛还得增加0.5～1倍。枯草和秸秆，缺乏能量和蛋白质，所以应喂含蛋白质和热能较多的草料。放牧回来不能马上补饲，待休息3～5小时后才能补给。

4. 放牧的注意事项

（1）做好放牧前的准备工作，放牧前要对牛进行驱虫，以免将虫带入牧地。一般可用虫克星驱虫，按100千克体重10克粉拌入料中饲喂，也可用敌百虫、碘硝酚注射液等。

（2）放牧地离圈舍、水源要近，最好不要超过3千米。按排好水源，牛每天至少饮水2次，天气炎热时增加。

（3）夏季在放牧过程中，青草是饲料的主体，因此必须补充盐，方法是搭一简单的棚子，放上食盐舔块，让牛自由舔食。由于牧草中可能出现磷的不足，因此，在给盐时最好补充一此磷酸钾或投放矿盐。若是幼嫩的草地，易出现牛采食粗纤维不足，可在牧区设置草架，补充一些稻草。

（4）舍饲情况下，应以青粗饲料为主，适当搭配精饲料的原则，粗料如以玉米秸为主，由于蛋白质含量低，搭配1/3～1/2优质豆科牧草，再补饲饼粕类，也可用尿素代替部分饲料蛋白，比例可占日粮的0.5%～1%。粗料若以麦秸为主，除搭配豆科牧草外，另需补加混合精料1千克左右。怀孕牛禁喂棉籽饼、菜籽饼、酒糟以及冰冻的饲料，饮水温度要求不低于10℃。

七、犊牛腹泻病的治疗措施

1. 犊牛容易腹泻的原因

犊牛腹泻是哺乳期犊牛常发的最主要的临床疾病，约占犊牛发病率的80%，影响到犊牛的生长发育和成年后的生产性能，给养牛业生产带来很大的经济损失。犊牛容易腹泻的原因主要有以下4点。

（1）犊牛特殊的消化结构。犊牛在吸吮母牛乳头或用奶嘴吸吮液体饲料时，能反射性地引起食管沟两侧的唇状肌肉收缩卷曲，使食管沟闭合成管状，形成食管沟闭合反射。在用桶、盆等食具给犊牛喂乳时，由于缺乏对口腔感受器的吮吸刺激作用，食管沟闭合不完全，往往有一部分乳汁流入瘤胃和网胃，经微生物作用发酵、产酸，造成犊牛的消化不良。

（2）犊牛的消化功能缺失。出生最初3周的犊牛，瘤胃、网胃和瓣胃的发育极不完全，尚无任何消化功能，犊牛的皱胃占胃总容积的70%，是主要的消化器官，犊牛在出生的最初3周内以奶制品为日粮，由皱胃分泌的凝乳酶对其进行消化，而不具备以胃蛋白酶进行消化的能力。此外初生犊牛的消化道内缺少麦芽糖酶和蔗糖酶，对淀粉和蔗糖的消化也很差。

（3）犊牛的免疫系统和神经调节尚未发育完全。犊牛的免疫系统和神经调节等也未发育完全，这些生理特点使犊牛表现消化不良、抵抗力低、对环境的适应性差，极易受到病原微生物的感染而发生腹泻。犊牛不良习惯形成的胃内的毛球可能是一个非传染性腹泻的潜在因素。很多感染性腹泻由于降低免疫力经常伴随着这种消化失调的非传染性腹泻而发生。

（4）来自初乳抗体的被动转移失败导致犊牛抵抗力降低。初乳中的免疫球蛋白从母牛到新生犊牛的被动转移具有极其重要的意义，因为犊牛在5周之内不能获得主动免疫，初乳中的抗体是唯一的免疫球蛋白的来源，可保护小牛出生后随即免受传染病的影响。有相当比例的奶牛犊会发生来自初乳抗体的被动转移失败（failure of passive transfer，FPT）。例如，即使奶牛犊出生后留在他们母体身边12～26小时，估计仍有30%～40%的奶牛犊发生被动转移失败现象。

2. 犊牛腹泻的类型

（1）消化不良性腹泻。病初无任何症状，突然下痢，体温、脉搏、呼吸正常，腹部轻度膨胀，个别牛臌气。排出水样酸臭味粪便，粪中混有消化不全的凝乳块，粪便乳黄色、黄绿色、淡绿色，排便次数多。发病不久全身症状恶化，出现脱水及酸中毒症状，眼球凹陷，消瘦，皮肤缺乏弹性，可视黏膜发绀，四肢肌肉震颤，喜欢趴卧，走路不稳，耳、鼻、口舌、四肢下部冷感，体温下降，昏睡，最后因脱水、酸中毒、心力衰竭而死亡。

（2）细菌性腹泻。开始体温升高，可达40～42℃，精神不振，食欲废绝，反刍停止。不久出现下痢，粪便呈稀糊状，混有大量黏液、黏膜、血液与脓汁，排便量少，有轻度腹痛和先急后重现象。个别牛排黄绿色混有脓汁与血液的水样便，或排棕褐色混有脓汁、血液与肠黏膜的水样便，随着发展，全身症状加剧，后期有神经症状，多数死于酸中毒与败血症。

引起细菌性腹泻的主要是大肠杆菌和沙门细菌。犊牛大肠杆菌病又称犊牛白痢，是犊牛的一种急性传染病，发病较急，常以急性败血症或菌血症的形式表现。特征是急剧腹泻和虚脱。此病主要发生于生后1～3日龄的犊牛，10日龄以内的犊牛都可发病，冬春季节发病最多，呈地方性流行。犊牛沙门氏杆菌病又称犊牛副伤寒，常发生于出生后10~40天的犊牛，若牛群有带菌母牛，犊牛可在出生后48小时发病。

（3）病毒性腹泻。引起犊牛发生腹泻的病毒主要有轮状病毒、冠状病毒、黏膜病病毒、细小病毒等，但病毒常和细菌混合感染。病毒性腹泻多发于冬季，气温越低发病率越高，轮状病毒引起的腹泻多发于1周龄以内的犊牛，冠状病毒引起的腹泻多发于2~3周龄的犊牛，临床以大量出血性腹泻为主要特征，在出现症状后几小时内因血容量过低而死亡，耐过的犊牛腹泻可持续2~6天。

（4）寄生虫引起的腹泻。引起犊牛腹泻的寄生虫主要有球虫、牛弓首蛔虫、绦虫、隐孢子虫等。

3. 治疗措施

犊牛腹泻病总的治疗原则是抑菌消炎、收敛止泻、补液纠酸，维护心脏功能与恢复胃肠消化功能。

（1）消化不良性腹泻的治疗。消化不良引起的腹泻主要是恢复消化功能、防止感染，使用收敛药，结合静脉注射补液。

①胃蛋白酶5克，麦芽粉10~20克，酵母片4~6片，陈皮末5克，矽炭银10片，土霉素4~6片，苏打粉5克，加水1次内服，轻症每天1次，重症每天2次，连用2~3天。

②静脉注射：5%糖盐水500毫升，5%碳酸氢钠20~40毫升，氢化可的松5毫升，每天1次，连用2~3天。

（2）细菌性腹泻的治疗。细菌引起的腹泻主要是抑菌消炎，促进消化功能，扩充血溶量，缓解酸中毒。

①土霉素2~3克，酵母片4片，胃蛋白酶5克，麦芽粉15克，加水一次内服，每天1次，连用2~3天。也可内服磺胺咪、链霉素、黄连素等药。

②对脱水严重的病犊可静脉注射10%的葡萄糖溶液300毫升，复方氯化钠500～800毫升。

（3）病毒性腹泻的治疗。对于病毒引起的腹泻，可使用提高机体免疫力的药物或抗病毒药物进行治疗，如转移因子、抗病毒注射液、抗病毒中药、干扰素等。临床常用的中草药制剂为双黄连、板蓝根、黄芪多糖注射液等。同时，控制继发感染并进行对症治疗，及时补充体液，防止脱水致死，促进早日康复。

（4）寄生虫引起的腹泻。

①球虫引起的腹泻：磺胺二甲嘧啶按每千克体重100毫克内服，每天1次，连用5～7天；胺丙林按每千克体重25毫克内服，每天1次，连用4～5天。

②牛弓首蛔虫引起的腹泻：用左旋咪唑按每千克体重5～8毫克内服；丙硫咪唑按每千克体重10毫克内服。

③绦虫引起的腹泻：丙硫咪唑按每千克体重10毫克内服；灭绦灵按每千克体重60毫克制成10%水溶液灌服；硫双二氯酚按每千克体重50毫克内服。

（5）口服补液盐。口服补液盐疗法对各种原因引起的腹泻、脱水都有良好的治疗效果。

补液盐另外加水1升溶解，可用自来水、凉开水，但不可用开水，否则硫酸氢钠会水解影响疗效，并应现用现配。轻度脱水者按每千克体重50毫升，中度脱水者按每千克体重80～100毫升，重度脱水者按每千克体重130～150毫升补给。补液量较大时可分2～3次补给。

（6）中兽医辨证施治。中兽医学认为，腹泻分“寒泻”、“热泻”2种。寒泻是寒伤脾经，胃火衰肠，水谷不能消化致使胃肠清浊不分而下泻的一种疾病，又称冷泻，亦称脾虚腹泻症。治疗原则是温中散寒，利水止泻。热泻是湿热停积胃肠而发生的泄泻之症，亦称湿热泻痢症。治疗原则是清热燥湿，利水止泻。应用中草药制剂治疗本病，中药无残留、不产生耐药性、疗效显著，在犊牛腹泻的治疗上显现着独特的优势。目前在继承传统医学的基础上，我国兽医临床工作者已经开发出不少成熟的中药验方，可参考使用。

（7）分不清哪种类型腹泻的治疗。

①氟派酸（1 粒含 100 毫克），适于初生至60 日龄犊牛。每次给 10 粒，再加入鞣酸蛋白 30 克，一次灌服，每天 2 次，重者 3 次，配合肌内注射庆大霉素 40 万单位。

②泻利停片，每天 2 次，1 次 3 片，初期 1～2 次即可，中期 3～4 次，后期配合输液

③磺胺咪 5～6 克，苏打粉 5～6 克，乳酶生 3～4 克，一次内服，每天 2～3 次，连用 3～5 天。

④新霉素或链霉素 1.5～3 克，苏打粉 3～6 克，每天 2 次内服，连用 3～5 天。

⑤下痢带血者肌内注射氯霉素 10 毫升，每天 2 次；维生素 K 4～5 毫升肌内注射，每天 2 次。

⑥对体温升高及脱水犊牛，青霉素 160 万单位，链霉素 200 万单位，一次肌内注射，每天 2 次，连用 3～5 天；5% 糖盐水 1 500毫升，25% 葡萄糖 250 毫升，四环素 100 万单位，20% 安钠咖 5 毫升，5% 碳酸氢钠 250 毫升，一次静脉注射。

第三节　育成母牛的饲养管理

一、育成母牛的选择

1. 按系谱选择

按系谱选择主要考虑父亲、母亲及外祖父的育种值，特别是产肉性状的选择（父母的生长发育、日增重等性状指标）。

系谱齐全需要有以下内容。系谱齐全的郏县红牛群体见图4－1。

（1）牛号、品种（杂交组合）、来源、出生地、出生日期、出生重。

（2）外貌及评分。

（3）体尺体重与配种记录。

（4）血统。

（5）防疫记录。

图4－1　系谱齐全的郏县红牛群体（徐照学　供图）

2. 按生长发育选择

按生长发育选择主要以体尺、体重为依据，如包括初生重、

6 月龄、12 月龄、初次配种的体尺和体重。不同年龄段的郏县红牛群体见图 4－2。

图 4－2　不同年龄段的郏县红牛群体（徐照学　供图）

3. 按体型外貌选择

按体型外貌选择主要根据不同月龄培育标准进行外貌鉴定，如肉用特征、日增重、肢蹄强弱、后躯肌肉是否丰满等特性，对不符合标准的个体及时淘汰。牛的体尺测量如图 4－3 所示。

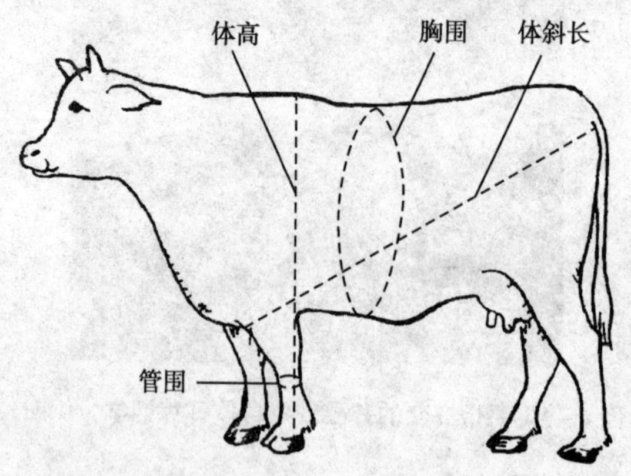

图 4－3　牛的体尺测量

二、育成母牛的饲养技术

1. 育成牛的营养需要特点

对育成牛进行合理的饲养，首先必须了解其在生长过程中体内养分沉积的变化规律。研究表明，育成牛体重的增加并未引起蛋白质和灰分在比例上的改变，而体脂肪的增加却是明显的，也就是说，伴随生长，热能的需要量比蛋白质的需要量相对增加，这就需要在饲料中增加能量饲料的比例。育成牛骨骼的发育非常显著，在骨质中含有75%～80%的干物质，其中钙的含量占8%以上，磷占4%，其他有镁、钠、钾、氯、氟、硫等元素。钙、磷在牛奶中的含量是适宜的，而在断奶后，则需要由饲料中摄取。因此，在饲喂的精料中需要添加1%～3%的碳酸钙与磷酸氢钙的等量混合物，同时添加1%的食盐。在育成牛生长过程中，一般只有维生素A、维生素D、维生素E需要在饲料中添加。因为除哺乳犊牛外，牛瘤胃内微生物可以合成B族维生素（维生素B_1、维生素B_2、维生素B_6、维生素B_{12}、泛酸、生物素）和维生素K，肝脏和肾脏可以合成维生素C。

作为繁殖用的后备小母牛培育的好坏，直接影响其一生的生产性能，对肉牛业的发展至关重要，饲养上应采取自由采食方式，日粮中应供给充足的蛋白质、矿物质和维生素，育成母牛的日粮应以青粗饲料为主，适当补喂精料。

2. 肉用育成母牛的生长发育特点

育成母牛阶段是生长发育最快的时期，消化器官中瘤胃的发育迅速，随着年龄的增长，瘤胃功能日趋完善，12月龄左右接近成年水平。育成期是母牛的骨骼、肌肉发育最快时期，体形变化大，性器官和第二性征发育很快，体躯向高度和长度方面急剧增长，这个时期饲养管理得好，育成母牛在16～18月龄可基本接近成年牛的体高，这个阶段也往往是最容易被人们忽视的阶段。该阶段应该把四肢、体躯骨骼的发育作为重点培育目标，一头育成母牛发育得好与坏，不绝对在于体重的大小，而应视其体型和外貌。此外育成母牛的性成熟与体重关系极大。一般育成牛体重达到成年母牛体重的40%～50%时进入性成熟期，体重达成年母牛体重的60%～70%时可以进行配种。当育成牛生长缓慢时（日增重不足350克），性成熟会延迟至18～20月龄，影响投产时间，造成不必要的经济损失。肉用育成母牛的生长发育特点主要表现在以下3个方面。

（1）瘤胃发育迅速。7～12月龄时瘤胃容积大增，利用青粗饲料能力明显提高，12月龄左右接近成年牛水平。在12～18月龄，育成母牛消化器官容积更加增大。训练育成母牛大量采食青粗饲料，以促进消化器官和体格发育，为成年后能采食大量青粗饲料创造条件。日粮应以粗饲料和多汁饲料为主，其重量约占日粮总量的75%，其余的25%为混合精料，以补充能量和蛋白质的不足。为此，青粗饲料的比例要占日粮的85%～90%，精料的日喂量保持在1.5～2.0千克。

（2）生长发育快。7～8月龄以骨骼发育为中心，7～12月龄期间是体长增长最快阶段，体躯向高度和长度方面急剧生长，以后体躯转向宽深发展。一头培育好的母牛，骨骼、体高、四肢长度及肌肉的丰满程度等生长发育水平至少要在中等标准以上，外形舒展大方，肥瘦适宜，七八成膘。该时期如果饲养管理不当而发生营养不良，则会导致育成母牛生长发育受阻，体躯瘦小，发育不良，初配年龄滞后，很容易产生难配不孕牛，影响其一生的繁殖性能，即使在后期进行补饲也很难达到理想体况。因此该时期牛的膘情相当重要，该时期最忌肥胖，由于脂肪沉积过多，会造成繁殖障碍，还会影响乳腺的发育，宁稍瘦而勿肥，特别是在配种前，应保证其有充分的运动，膘情适度，这样才能有利于其生产性能的发挥。

(3) 生殖机能变化大。在6月龄至1周岁期间，牛的性器官和第二性征发育很快。6~9月龄时，卵巢上出现成熟卵泡，开始发情排卵，由于母牛周期性发情，卵巢分泌的卵泡素能促进乳导管分支、伸长和乳腺泡的形成；如果母牛过肥，乳房内有大量脂肪沉积，会阻碍乳腺泡发育而影响产后泌乳。一般在18~20月龄，体重为成年体重的70%时可配种。

3. 育成母牛饲养方式

育成母牛的培育要求是保证小母牛正常生长发育和适时配种，育成母牛培育得好坏，直接影响其一生的生产性能，对肉牛业的发展至关重要。育成牛的饲养方式有小群饲养、大群饲养和放牧饲养。对于规模化母牛繁育场，犊牛满6月龄后转入育成牛舍时，应分群饲养，应尽量把年龄、体重相近的牛分在一起，同一小群内体重的最大差别不应超过70~90千克，生产中一般按6~9月龄、10~14月龄、15月龄至配种前进行分群。

(1) 放牧饲养。我国母牛大多分散在农户，以放牧饲养为主。一般情况下，单靠放牧期间采食青、干草很难满足长期发育需要，应根据草场资源情况适当地补饲一部分精料，一般每天每头在0.5~1千克，能量饲料以玉米为主，一般占70%~75%，蛋白质饲料以饼粕类为主，一般占25%~30%，还可准备一些粗饲料如玉米秸、稻草等铡短令其自由采食。精粗料的补给与否以及量的大小，应视草场和牛只生长发育具体情况而定，发育好则可减少或停止饲料补给，发育差的则可适当增加饲料补给。夏季应避开酷热的中午，增加早、晚放牧时间，以利于牛采食和休息。

放牧需要行走，牛蹄不好易造成疲劳，应注意观察，适时修蹄。放牧牛易被体内外寄生虫侵害，应注意观察牛的粪便、被毛、眼睑等的变化，并定期驱虫。应备有食盐让牛自由舔食。牛放牧归家后最好拴系，补饲过程中每牛占一槽，以防牛斗架争食，导致强牛肥胖、弱牛瘦小。

（2）舍饲。在没有放牧条件时或大中型牛场多采用舍饲。精料主要以玉米、糠麸、饼粕类等为主，粗料主要为优质干草、麦秸、玉米秸、稻草、青贮等，辅以维生素 A、维生素 D、维生素 E、微量元素、磷酸氢钙、食盐等配成全价饲料。一般情况下精料给量在 15% ~20% （能量饲料 70% ，蛋白饲料 30% ），粗料给量在 80% ~85% 。每天牛采食量为每 100 千克体重干物质 1.8 ~2.5 千克，饲养标准可参考附表 4 生长母牛的营养需要。断乳至 19 月龄日增重以控制在 0.4 ~0.8 千克为好。根据牛只生长发育情况，灵活地调整饲料给量，18 ~20 月龄体重以达成年母牛体重的 75% ~80% 为佳。

4. 肉用育成母牛饲养技术

此期育成母牛的瘤胃机能已相当完善，可让育成母牛自由采食优质粗饲料如牧草、干草、青贮等，整株玉米青贮由于含有较高能量，要限量饲喂，以防过量采食导致肥胖。精料一般根据粗料的质量进行酌情补充，若为优质粗料，精料的喂量仅需 0.5 ~1.5 千克即可；如果粗料质量一般，精料的喂量则需 1.5 ~2.5 千克，并根据粗料质量确定精料的蛋白质和能量含量，使育成母牛的平均日增重达 700 ~800 克，16 ~18 月龄体重达 360 ~380 千克进行配种。由于此阶段育成母牛生长迅速，抵抗力强、发病率低，容易管理，在生产实践中，有时往往疏忽这个时期育成母牛的饲养，导致育成母牛生长发育受阻，体躯狭浅，四肢细高，延迟发情和配种，导致成年时泌乳遗传潜力得不到充分发挥，给以后犊牛的哺乳造成困难。在不同的年龄阶段，其生长发育特点和消化能力都有所不同。因此，在饲养方法上也应有所区别。育成期的饲养可按育成母牛不同阶段的发育特点和营养需要等情况分两个阶段进行饲养。

(1) 第一阶段 (6~12 月龄)。此阶段是育成母牛达到生理上最高生长速度的时期，是性成熟前性器官和第二性征发育最快的时期。身体的高度和长度急剧增长，前胃发育较快，瘤胃功能成熟，容积扩大 1 倍。在良好的饲养条件下，日增重较高，尤其是 6~9 月龄最为明显。经过犊牛期植物性饲料的锻炼，瘤胃虽然已具有了相当的容积和消化青粗饲料的能力，但由于在犊牛刚断乳时，瘤胃容积有限，不能保证采食足够的青粗料如优质青草、干草、多汁饲料来满足其生长发育的需要，消化器官本身也处于强烈的生长发育阶段，需继续锻炼。为了兼顾此期育成母牛生长发育的营养需要并进一步促进消化器官的生长发育，此期所喂给的饲料，除了优良的青粗料外，还必须适当补充一些精饲料。粗饲料的干物质中应该至少有一半来自青干草，这时精饲料的质量和需要量取决于粗饲料的质量。一般日粮中干物质的 75% 来源于优良的牧草、青干草、青贮饲料和多汁饲料，还必须补充 25% 的混合精料。因此在 1 岁以内仍然需要保证饲喂适量的精料，才能保证一定的日增重。按体重 100 千克计算，参考饲喂量：青贮 5~6 千克、干草 1.5~2.0 千克、秸秆 1.0~2.0 千克、精料 1.0~1.5 千克。从 9~10 月龄开始，可掺喂一些秸秆和谷糠类粗饲料，其比例占粗饲料总量的 30%~40%。此期可采用的日粮配方为混合料 2~2.5 千克，秸秆 3~4 千克（或青干草 0.5~2 千克，玉米青贮 11 千克)。

(2) 第二阶段（13~18 月龄)。此阶段育成母牛消化器官容积增大，已接近成熟，消化能力增强，生殖器官和卵巢的内分泌功能更趋健全，若正常发育在 16~18 月龄时体重可达成年母牛的70% ~75%，生长强度渐渐进入递减阶段，无妊娠负担，更无产乳负担，能够尽可能利用青饲料和粗饲料，可以降低饲养成本。为使育成牛消化器官继续增大，需要进一步刺激其生长发育，日粮应以粗饲料和多汁饲料为主，其比例约占日粮总量的75%，其余25%为配合饲料，以补充能量和蛋白质的不足，如粗饲料质量差则需要适当补喂精料，一般可补2 ~3千克精料，同时补充钙、磷、食盐和必要的微量元素。对于有放牧条件的，夏季以放牧为主，冬季要补饲，可自由采食干草和秸秆青贮。

三、育成母牛的管理

1. 育成母牛的日常管理

育成母牛的管理目的是培育优良的肉用母牛品种，为今后的繁殖打下基础，提高母牛养殖的效益。决定母牛配种时间的是体重和体高，而不是年龄。由于育成母牛饲养阶段只有投入，没有收入，因而首次产犊的推迟将增加饲养成本。育成母牛一般需达到成年母牛体重的70%左右才可配种，即地方良种母牛一般15 ~19月龄、体重280千克以上配种；肉用杂交母牛一般16 ~19月龄、体重350千克以上配种。

（1）做好发育记录和发情记录。做好母牛的体尺、体重记录工作。从发育记录上可以了解母牛生长发育情况，还可以了解饲料供给量是否合适，以检查饲养情况，及时调整日粮。一般从断乳开始测量，每月1次，内容包括体高、胸围、体斜长和体重。体重可用下述公式推测：

体重（千克）=胸围^2（厘米）×体斜长（厘米）/10 800

另外做好母牛的发情、防疫检疫的记录工作，当母牛发育到接近配种时期，注意观察育成母牛的发情日期，做好记录，确定预定配种日期，以免错过配种时机。

（2）严禁公、母牛混群，进行合理分群。在管理上应首先将公母牛分开，既可以舍饲，也可以放牧，还可以采用放牧加舍饲。既可以白天放牧，晚上舍饲，也可以春末、秋初放牧，冬季舍饲。既可以拴系饲养，也可散养。育成公、母牛合群饲养的时间以4～6个月为限，以后应分群饲养，因为公、母牛生长发育和营养需要是不同的。公、母牛混放对育成母牛是非常有害的。一般情况下，公牛9月龄即性成熟，13～15月龄就有配种能力，母牛12～13月龄即有受孕能力，如果公、母牛混群，造成早配，会影响育成母牛的生长发育，以致影响其一生的生产性能。如果是改良牛群，杂合子公牛偷配，会导致后代生产性能低下，影响牛群的遗传结构。

（3）制定生长计划。根据育成牛不同的品种、年龄、生长发育特点和饲草、饲料供给情况，确定不同月龄的日增重量，以便有计划地安排生产。

为了给后备母牛制订一个有效的生长发育计划，首先要根据后备母牛的平均断乳重制订饲养计划。比如，安格斯牛、海福特牛、短角牛及这些品种的杂种后备牛体重达214.59～242.58千克时出现初情期；大型品种牛及外来品种——夏洛来牛、利木赞牛等的杂交后备母牛则需体重达251.91～280.9千克时才出现初情期。利用平均断乳重计算出该品种达到配种时体重所需的平均日增重，从而制订相应的饲养计划。

（4）穿鼻环。如需要或便于管理，育成母牛可在8～10月龄穿鼻戴环，第一次戴的鼻环宜小，以后随年龄的增长更换较大的鼻环。

（5）保证充足的运动和光照。为使育成母牛有健康的体况，适当的运动和光照是非常重要的，有利于血液循环和新陈代谢，使牛有饥饿感，食欲旺盛，肋骨开张良好，肢蹄坚硬，整体发育良好，增加对疾病的抵抗力，同时也有利于生殖器官的发育。充足的光照是牛生长发育不可缺少的条件，太阳光中的紫外线不仅能合成牛体内所需的维生素 D，而且还能刺激丘脑下部的神经分泌性激素，使之保持正常的繁殖性能。如果以放牧为主，可以保证有充足的运动和光照。如果以舍饲为主，则需有运动场来保证其运动和光照。舍饲时，平均每头牛占用运动场面积应达 10～15 米^2，每天要有 2～3 小时的运动量，可使牛充分运动，以利于健康发育。散放饲养时，可自由采食粗饲料，补料时拴系，保证每头牛采食均匀，从而保证其采食量和生长发育的均匀性。

（6）掌握好发情和配种。在正常饲养条件下，肉用后备母牛在 12 月龄前后开始第 1 次发情。母牛开始发情只能证明其性成熟，并不代表体成熟，过早地配种会影响其终生的生产性能。观察发情是否正常，对母牛的正常配种有重要的生理意义。有些后备母牛从性成熟开始，发情周期很正常，但要配种时又不发情，这多数是因为卵巢内持久黄体所造成的，如不及时治疗，就会一直不发情而影响配种。还有个别牛发情、配种时症状又不明显，因此对牛的生理状态必须仔细观察，以免影响配种。

对初情期的掌握很重要，要在计划配种的前 3 个月注意观察其发情规律，做好记录。在正常情况下，小母牛到 16～18 月龄，体重达成年体重的 70%，开始初配。

（7）刷拭与修蹄。牛有喜卧的特性，保持牛体的卫生是很难的，尤其是在冬季舍饲、饲养数量较多的情况下，更难保证牛体清洁，很容易由于皮肤沾有粪便和尘土形成皮垢而影响发育。因此，刷拭就成为牛饲养管理过程中很重要的环节，经常刷拭会有利于牛体表血液循环、预防皮肤病。刷拭时可先用稻草等充分摩擦，再用金属挠子将污物去掉，然后用刷子或扫帚反复刷拭，污染严重的可用含有食用油的湿草将附着物去掉。在不易刷拭的条件下，可尽量创造好的环境，使牛健康成长。刷拭时以软毛刷为主，必要时辅以铁篦子，用力宜轻，以免刮伤皮肤，每天最好刷拭牛体1~2次，每次5分钟。

放牧为主时，为使牛充分自主运动，可在6~7月龄、9~10月龄和14~15月龄将磨损不整的牛蹄进行修整；舍饲为主时，每6个月修蹄1次。

(8) 日常卫生管理。注意饮水，牛舍环境卫生及防寒、防暑也是必不可少的管理工作。

放牧时每天应让牛饮水2~3次，水饮足才能够吃草，因此饮水地点距放牧地点要近些，最好不要超过5公里。水质要符合卫生标准。

冬季寒冷地区（气温低于-13℃）做好防寒工作，炎热地区夏天做好防暑工作。

(9) 后备母牛的选留。从现有犊牛群中选择后备母牛是更新繁殖母牛的常用办法，首先选择繁殖率高（易发情配种）的母牛所产犊，繁殖配种记录可用于鉴定母牛的繁殖力。如果没有记录，在断乳时选择繁育良好的小母牛留作繁殖后备母牛。同时要注意母本的负性状，绝不选择难产、流产、乳房不健全、其他组织缺陷或健康不佳的经产母牛所产的母犊牛。

2. 繁殖母牛养殖场育成母牛的管理

育成母牛时期，骨骼和肌肉强烈生长，各种组织器官相应增大，性机能开始活动，体躯结构和消化类型逐渐趋于固定。体重的增加在性成熟以前是加速阶段，绝对增重随年龄增长而增加。

(1) 确定后备母牛的选留数量。首先估计保持2年内固定母牛数所必需的后备母牛数。包括死亡损失数、空怀母牛数以及成年母牛的淘汰数。对那些不再适合作种用的后备母牛应在配种前确定淘汰，淘汰的后备母牛育肥留作肉用。

(2) 分群。按年龄、性别、体重分群，每 40 ~ 50 头为一群，每群牛的月龄差异不超过 1.5 ~ 2.0 个月，体重差异不超过 25 ~ 30 千克。为防止牛因采食不均而发育不整齐，要随时注意牛的膘情变化，根据牛的体况及时进行调整，采食不足和体弱的牛向较小的年龄群转移；反之，过强的牛向大的年龄群转移，12 月龄后逐渐稳定下来。

(3) 制定生长计划。根据不同品种、年龄的生长发育特点，饲草、饲料的储备状况，确定不同日龄的日增重。

(4) 转群。根据年龄、发育情况，结合本场实际，按时转群。同时进行体重和体尺测量，对于达不到正常生长发育要求的进行淘汰留作商品肉用。

(5) 加强运动。尤其是在舍饲条件下，每天至少要驱赶 4 小时左右。

(6) 刷拭。为了保持牛体清洁，促进皮肤代谢和养成温驯的习性，每天刷拭 1 ~ 2 次，每次约 5 分钟。

(7) 按摩乳房。从开始配种起，每天上槽后用热毛巾按摩乳房 1 ~ 2 分钟，促进乳房的生长发育。按摩进行到该牛乳房开始出现妊娠性生理水肿为止，到产前 1 ~ 2 个月停止按摩。

(8) 初配。在 17 ~ 19 月龄根据生长发育情况决定是否参加配种。配种前 1 个月应注意观察育成母牛的发情日期，以便在以后的 1 ~ 2 个发情期内进行配种。

(9) 防寒、防暑。冬季寒冷地区（气温低于 -13℃）做好防寒工作，炎热地区夏天做好防暑工作。持续高温时胎儿的生长受到抑制，配种后 32℃ 温度持续 72 小时则牛无法妊娠，其主要原因是子宫内部温度升高影响胚胎的生存，并且还能影响育成母牛的初情期。如在 26℃ 环境温度条件下育成母牛的初情期可延迟 5 个月以上，气温上升则发情周期延长，繁殖效率大幅度下降。

四、青年母牛的饲养管理

1. 青年母牛的营养供给特点和培育目标

青年初孕牛指怀孕后到产犊前的头胎母牛，也叫青年母牛（图4－4）。

图4－4　南阳牛青年母牛群（徐照学　供图）

青年母牛的饲养应遵循在怀孕初期，其营养需要与配种前差异不大。怀孕青年母牛（19～27月龄）应注重营养以促进胎儿的生长发育，并保持一定的体膘。由于瘤胃容积逐渐增大，产生更多的微生物蛋白质，这一阶段的母牛不需要优质的蛋白质，精料的多少取决于粗料的质量，质量较差应补充0.25～0.5千克的豆饼加上适量的矿补剂。怀孕的最后4个月，营养需要则较前阶段有较大差异，并按母牛饲养标准进行饲养，精饲料每头每天为2～3千克，粗饲料如青贮喂量10～12千克，干草2.5～3.0千克。这个阶段的母牛，饲喂量一般不可过量，否则将会使母牛过分肥胖，从而导致以后难产或其他病症，在分娩前30天，青年怀孕母牛可在饲养标准的基础上适当增加饲料喂量，但谷物的喂量不得超过青年怀孕母牛体重的0.5%；此时日粮中还应增加维生素、钙、磷等矿物质含量。

在妊娠的前180天胎儿对母体的营养压力非常小，妊娠末3个月是胎儿生长发育最快的时期，这一时期胎儿的日增重为0.27千克，这时的青年母牛最小日增重为0.38千克才能保证胎儿及母体本身正常生长发育，使青年母牛顺利产犊，保证较高泌乳量及产后下一次配种时具有良好的体况。

小母牛妊娠之后，促黄体激素与促卵泡素一起发挥作用促进乳腺泡发育，为哺乳做准备；青年怀孕母牛应保持中等体况，如果母牛过肥，乳房内有大量脂肪沉积，会阻碍乳腺泡发育而影响产后泌乳，造成犊牛缺乳而发育受阻。

2. 青年母牛的饲养技术

母牛已配种受胎，生长缓慢下来，体躯向宽深发展。在良好的饲养条件下，体内容易蓄积大量脂肪，为了节省开支，应充分利用粗饲料及放牧草地。在此期间，应以优质干草、青干草、青贮饲料作为基本饲料，精料可以少喂甚至不喂。但是到妊娠后期，由于体内胎儿生长迅速，则须补充精料，日喂量为2~3千克，按干物质计算，粗料占70%~75%，精料占25%~30%。如有放牧条件，则应以放牧为主，在良好的放牧地上放牧，精料可减少30%~50%，放牧回来后，如未吃饱，仍应补喂一些干草或青绿多汁饲料。

3. 青年母牛的管理

重点做好妊娠检查、保胎保膘、产前准备等。依据膘情适当控制精料给量防止过肥，产前21天控制食盐喂量。观察乳腺发育，减少牛只调动，保持圈舍、产房干燥、清洁，严格消毒程序。注意观察牛只临产症状，做好分娩准备和助产工作，以自然分娩为主，掌握适时、适度的助产方法。

初次怀胎的母牛，未必像经产母牛那样温顺，因此管理上必须非常耐心，并经常进行刷拭、按摩等与之接触，使之养成温顺的习性，使其适应产后管理。

①加大运动量，以防止难产。

②防止驱赶、跑、跳运动，防止相互顶撞和在湿滑的路面行走，以免造成机械性流产。

③防止饲喂发霉变质或冰冻饲料，避免饮冰冻的水，避免长时间淋雨。

④加强对青年母牛的护理与调教。

⑤定时按摩乳房。产前 1 个月停止按摩。在进行乳房按摩时，切勿摩拭乳头，以免擦去乳头周围的蜡状物，引起乳头龟裂，或因擦掉“乳头塞”而使病菌从乳头孔侵入，导致乳房炎和产后瞎乳头。

⑥保持牛舍、运动场卫生，供给充足饮水。环境应干燥、清洁，注意防暑降温和防寒保暖。

⑦计算好预产期，产前 2 周转入产房，以尽早适应环境，减少应激，顺利分娩。

第四节 发情与配种

一、发情鉴定

1. 观察法

(1) 看神色。母牛发情时，由于性腺内分泌的刺激，生殖器官及身体会发生一系列有规律的变化，出现许多行为变化，根据这些变化即可判断母牛的发情进程。母牛发情时精神兴奋不安，不喜躺卧；散放时，时常游走，哞叫，抬尾，眼神和听觉锐利，对公牛的叫声尤为敏感，食欲减退，排便次数增多；拴系时，兴奋不安，在系留桩周围转动，企图挣脱，弓背吼叫，或举头张望。

（2）看爬跨。在散放牛群中，发情牛常爬跨其他母牛或接受其他牛的爬跨。开始发情时，对其他牛的爬跨往往不太接受，随着发情的进展，有较多的母牛跟随，嗅闻其外阴部，发情牛由不接受其他牛的爬跨转为开始接受，以至于静立接受爬跨，或强烈的爬跨其他牛只，在其他牛拒爬时，常在爬跨中走动，并做交配的抽动资势。发情高潮过后，发情母牛对其他母牛的爬跨开始感到厌倦，不大愿意接受，发情的精神状态结束时，拒绝爬跨。

（3）看外阴。牛发情开始时，阴门稍出现肿胀，表皮的细小皱纹消失（展平），随着发情的进展，进一步表现肿胀、潮红，原有的大皱纹也消失（展平），发情高潮过后，阴门肿胀及潮红现象又表现退行性变化。发情的精神表现结束后，外阴部的红肿现象仍未消失，至排卵后才恢复正常。

（4）看黏液。牛发情时从阴门排出的黏液量大且呈粗线状，是其他家畜所不及的。在发情过程中，黏液的变化有明显特点：开始时量少，稀薄、透明，继而量多、黏性强，潴留在阴道的子宫颈口周围；发情旺盛时，排出的黏液牵缕性强，粗如拇指，发情高潮过后，流出的透明黏液中混有乳白色丝状物，黏性减退，牵拉之后成丝；随着发情将近结束，黏液变为半透明状，其中夹有不均匀的乳白色黏液，最后黏液变为乳白色，好像炼乳一样，量少。

有经验的配种员认为，发情母牛躺卧时，阴道的角度呈前高后低状，潴留在阴道里的黏液容易排出积在地面上，发现这一现象，即可判定该牛发情，再结合上述4方面，可以综合判定发情的程度，还有配种员常以鞋掌的前部踩住排在地面上的黏液，脚跟着地，脚尖跷起，如果黏液前拉不起丝，即配种时间尚早，如能拉起丝即为配种适宜期。阴道流出的黏液由稀薄透明转为黏稠混浊且黏度增大，用食指与拇指夹住黏液并牵拉7～8次不断时，适宜输精。

2. 直肠检查法

一般正常发情的母牛其外部表现比较明显，用外部观察法就可判断牛是否发情和发情的阶段，直肠检查法则是更为直接地检查卵泡的发育情况，判定适配时机，在生产实践中也被广泛采用。方法是把手臂伸入母牛直肠内，隔着直肠壁触摸卵巢上卵泡发育的情况。母牛在发情时，可以触摸到突出于卵巢表面并有波动的卵泡。排卵后，卵泡壁呈一个小凹陷。在黄体形成后，可以摸到稍突出于卵巢表面、质地较硬的黄体。

牛发情时，卵泡形状圆而光滑，发育最大的直径为1.8～2.2厘米。实际上，卵泡大部分埋于卵巢中，它的直径比所接触的要大。在排卵前6～12个小时，由于卵泡液的增加，卵巢的体积也有所增大。卵泡破裂前，质地柔软，波动明显；排卵后，原卵泡处有不光滑的小凹陷，以后就形成黄体。

3. 阴道检查法

阴道检查法是用开膣器打开阴道，检查阴道黏膜、子宫颈口的变化情况，判断母牛是否发情及发情程度。发情母牛阴道黏膜充血潮红，表面光滑湿润，子宫颈外口充血、松弛、柔软开张，并流出黏液。不发情母牛阴道苍白、干燥，子宫颈口紧闭。

根据现场条件，利用绳索、三角绊或六柱栏保定母牛，尾巴用绳子拴向一侧。外阴部先用清水洗净后，再用1%煤酚皂或0.1%新洁尔灭溶液进行消毒，最后用消毒纱布或酒精棉球擦干。

开膣器清洗擦干后，先用75%的酒精棉球消毒其内外面，然后用火焰烧灼消毒，涂上灭菌过的润滑剂。用左手拇指和食指（或中指）将阴唇分开，以右手持开膣器把柄，使闭合的开膣器和阴门相适应，斜向前上方插入阴门。当开膣器的前1/3进入阴门后，即改成水平方向插入阴道，同时向下旋转打开开膣器，使其把柄向下，通过反光镜或手电筒光线检查阴道变化。应特别注意阴道黏膜的色泽及湿润程度，子宫颈部的颜色及形状，黏液的量、黏度和气味，以及子宫颈管是否开张和开张程度。检查完后稍微合拢开膣器，抽出。注意消毒要严密，操作要仔细，防止粗暴。

4. 试情法

此法尤其适用于群牧的繁殖母牛，可以节省人力，提高发情鉴定效果。试情法有以下3种。第1种是将结扎输精管的公牛放入母牛群中，日间放在群牛中试情，夜间公母分开，根据公牛追逐爬跨情况以及母牛接受爬跨的程度来判断母牛的发情情况。第2种是将试情公牛接近母牛，如母牛喜靠公牛，并做弯腰弓背姿势，表示可能发情。第3种方法是标记法，给试情公牛的前胸或下颚安装带颜料的标记装置，将其放入母牛群中，凡经爬跨过的发情母牛，都可在背或尻部留下标记。应用同样的原理，在现代化程度较高或胚胎移植受体牛牛群，采用给母牛尻部安装按压式感应器的方法，使每头接受过爬跨的母牛的信息（牛号、爬跨时间）都传入管理控制中心的电脑中，使配种工作人员根据电脑信息掌握准确的母牛发情状况。

5. 常见的异常发情

母牛发情受许多因素影响，如营养、管理、激素调节、疾病等，当某些因素造成发情超出了正常规律，就会出现异常发情。常见的异常发情有以下几种。

（1）隐性发情。又称暗发情或安静发情。这种发情表现为性兴奋缺乏，性欲不明显或发情持续时间短，但卵巢上卵泡能发育成熟而排卵。多见于产后母牛、高产母牛和年老体弱母牛。主要原因是生殖激素分泌不足、营养不良或泌乳量高引起的机体过分消耗造成。此外，寒冷冬季或雨季长，舍饲的母牛缺乏运动和光照，都会增加隐性发情牛的比例。

（2）假发情。母牛只有外部发情表现，而无卵泡发育和排卵。假发情有2种：一种是母牛在怀孕3个月以后，出现爬跨其他的牛或接受其他牛的爬跨，而在阴道检查时发现子宫颈口不开张，无充血和松弛表现，阴道黏膜苍白干燥，无发情分泌物。直肠检查时能摸到子宫增大和有胎儿等特征，有人把它称为“妊娠过半”或“胎喜”，其原因是妊娠黄体分泌孕酮不足，而胎盘或卵巢上较大卵泡分泌的雌激素过多。另一种是患有卵巢机能失调或子宫内膜炎的母牛，也常出现假发情，其特点是卵巢内没有卵泡发育生长，即或有卵泡生长也不可能成熟排卵。因此，假发情母牛不能进行配种，否则，会对妊娠母牛造成流产。

（3）常发情。正常母牛发情时间很短，而有的母牛发情持续时间特别长，2～3天发情不止。主要原因是卵泡发育不规律，生殖激素分泌紊乱所造成。常发情多表现以下两种情况。

①卵泡囊肿：这种母牛虽有明显的发情表现，卵巢也有卵泡发育，但卵泡迟迟不成熟，不排卵，而且继续增生、肿大而使母牛持续发情。

②卵泡交替发育：一侧卵泡开始发育，产生的雌激素促使母牛发情，同时在另一侧卵巢又有卵泡开始发育，前一卵泡发育中断，后一卵泡继续发育，由于前后两个卵泡交替产生雌激素，使母牛延续发情。

（4）不发情。即母牛无发情的表现，也不排卵，这种现象多发生季节寒冷、营养不良、患卵巢或子宫疾病的母牛、产奶量高又处在泌乳高峰期的母牛。不发情是由于卵巢萎缩、持久黄体或卵巢处于静止状态等原因所致。

二、配种方式选择

牛的自然交配配种是牛群自然繁殖后代的本能，目前在交通不便、牛群数量不大、人工授精技术和设备不完善的地区，没有繁殖记录的全年放牧牛群，对人工授精较难配种受孕的母牛个体，牛的繁殖采用自然交配。为了提高肉用种牛的受胎率，可采用本交（包括自然交配和人工辅助交配）方式配种。牛的人工授精技术是20世纪应用最为成功的繁殖技术，对推广优良种牛，挖掘优良种牛的繁殖潜力，加快改良牛品种的速度，普遍提高牛的生产性能，节省公牛饲养管理费用，防制由自然交配传播的疾病等方面都具有非常重要的价值。

1. 自然交配

在自然条件下，公母牛混合放牧，直接交配时为了保证受孕，公母比例一般为1：（20~30），公牛要有选择，不适于种用的应去势。小牛，母牛要分开，防止早配。要注意公母牛的血缘关系，防止近交衰退现象。

2. 人工辅助交配

待母牛发情时，将母牛牵到配种架里固定，再牵来公牛进行交配。每头公牛每天只允许配1~2头母牛。连续4~5天后，休息1~2天。青年公牛配种量减半。不能与有病牛配。配前母牛先排尿，配后捏一下背腰，立即驱赶运动。

3. 人工授精

人工授精是用人工方法采集公牛的精液，经一系列的检查处理后，再注入发情母牛生殖道内使其受胎的过程。人工授精具有的优点是：一是极大地提高优良种公牛的利用率；二是节约大量购买种公牛的资金，减少饲养管理费用，提高养牛效益；三是克服个别母牛生殖器官异常而本交无法受胎的缺点；四是防止母牛生殖器官疾病和接触性传染病的传播；五是有利于选种选配；六是有利于优良品种的推广，迅速改变养牛业低产的面貌。

三、选种选配

选配即有预见性地安排公母牛的交配，以期达到后代将双亲优良性状结合在一起，获得更理想的后代，培育出优秀种牛的目的。也就是在选种的基础上，向着一定的育种目标，按照一定的繁育方法，根据公母牛自身品质、体质外貌、生长发育、生产性能、年龄、血统和后裔表型等进行通盘考虑，选择最合理的交配方案，最终获得更为优秀的后裔牛群。肉牛的选配方式，应在有关肉牛遗传育种专家的指导下进行。通过建立母牛育种群及商品群，根据市场需求和公司育种规划进行繁育。选配可分为个体选配和种群选配两大类。

1. 种公牛（精液）的选择

首先是审查系谱，其次是审查该公牛外貌表现及发育情况，最后还要根据种公牛的后裔测定成绩，以断定其遗传性能是否稳定。选配时公牛冷冻精液选择工作应注意如下几点。

（1）每区域或每个育种群必须定期地制定出符合生产目标的选配计划，其中要特别注意防止近交衰退。

（2）在调查分析的基础上，针对每头母牛本身的特点选择出优秀的与配公牛。

（3）每次选配后的效果应及时分析总结，不断提高选配工作的效果。

2. 公母牛的选配

进行二元杂交时，配种的良种母牛一般选用本地母牛。进行三元杂交或终端杂交时，则选用杂交一代或二代的母牛。产后的母牛应在50~90天后配种；选作配种用的本地育成母牛应当满18月龄，体重应达到300千克，杂交母牛体重应达到350千克。配种前应对母牛进行检查，记录母牛的特征、体尺、体重、发情、输精、产犊等信息，建立良种母牛档案。

为小型母牛选择种公牛组织选配时，公牛品种体重不宜太大，以防发生难产，尤其是放牧饲养和农户饲养模式。大型品种公牛与中小型品种母牛杂交时，不用初配母牛，而选择经产母牛，以降低难产率。防止改良品种公牛中同一头牛的冷冻精液在一个地区使用过久，防止盲目近交。

四、人工授精操作程序

1. 冷冻精液的保存

冷冻精液的包装上须标明公牛品种、牛号、精液的生产日期、精子活力及数量，再按照公牛品种及牛号将冷冻精液分装在液氮罐提筒内，浸入固定的液氮罐内储存。

定期添加液氮，正确放置提筒，不使罐内储存的颗粒或细管冷冻精液暴露在液氮面之上，且液氮容量不得少于容器的2/3。

提取冷冻精液时，提桶不得提出液氮罐口，必须置于罐颈之下，用电筒照看清楚之后用镊子夹取精液，动作要准确、快捷。精液每次脱离液氮的时间不得超过5秒种。

储存精液的液氮罐应放置在干燥、凉爽、通风和安全的专用室内，且要水平放置，不倾斜，还要经常检查盖子是否泄漏氮气。

2. 细管冻精的解冻

由液氮罐取出 1 支细管冷冻精液，立即投入 40℃热水中，待精液基本溶化时（15 秒），用灭菌小剪剪去细管的封口端，装入细管输精器中进行输精。细管精液品质检查，可按批抽样评定，不需每支精液均作检查，否则将会减少每头份精液的输精量及输入精子数。

精液解冻时必须保持所要求的温度，严防在操作过程中温度出现波动；冷冻精液解冻后不宜存放时间过长，应在 1 小时内完成输精。

3. 输精前的准备

（1）输精器的准备。输精器材应事先消毒，并确保 1 头牛 1 支输精管。玻璃或金属输精器可用蒸气或高温干燥消毒；输精胶管因不宜高温，可用酒精或蒸汽消毒。

（2）母牛的准备。将接受输精的母牛固定在保定架内，尾巴固定于一侧，用 0.1% 新洁尔灭溶液清洗消毒外阴部。

（3）输精操作人员的准备。输精员要身着工作服，指甲需剪短磨光，戴一次性直肠检查手套。

（4）精液的准备。输精前应先进行精子活力检查，合乎输精标准才能应用。塑料细管精液解冻后装入金属输精器。

4. 输精方法

目前都采用直肠把握输精法，也叫深部输精法。该法具有用具简单，操作安全，输精部位深，受胎率高的优点。在输精实践中会遇到许多问题，必须掌握正确方法。术者左手呈楔形插入母牛直肠，令母牛排除蓄粪，然后消毒外阴部。左手再次进入直肠，触摸子宫、卵巢、子宫颈的位置，摸清子宫颈后，手心向右下握住宫颈，无名指平行握在子宫颈外口周围，把子宫颈握在手中，应当注意左手握得不能太靠前，否则会使子宫颈口游离下垂，造成输精器不易插入子宫颈口。右手持输精器，向左手心中深插，即可进入子宫颈外口，然后多处转换方向向前探插，同时用左手将子宫颈前段稍做抬高，并向输精器上套。输精器通过子宫颈管内的硬皱襞，立即感到畅通无阻，即抵达子宫体处，手指能很清楚地触摸到输精器的前段。确认输精器已进入子宫体后，应向后抽退一点，以避免子宫壁遮盖输精器尖端出口，然后缓慢地将精液注入，再轻轻地抽出输精器。

输精中应注意的几个问题：①寒冷天气输精时，要保持温度的恒定，即要求输精管和解冻后精液同温，以免对精子造成温差打击。②认真耐心地坚持把精液输送到子宫颈深部。个别牛努责弓腰，应采取拍腰缓解努责，等努责过后再插入输精管。③输精管进入子宫颈口后如推进有困难，可能由于子宫颈黏膜皱襞的阻碍，应改变角度或稍后退，然后再插入，切忌硬插。④遇子宫角下垂或子宫不正，连带子宫颈改变生理位置，可用手轻握子宫颈，慢慢向上提拉，使它顺应输精管的方向就容易插入。⑤输精时如发现母牛子宫或阴道有炎性分泌物，应停止输精，进行治疗。⑥输精后如发现有倒流现象，应立即补输一次。⑦若母牛直肠呈罐状（形成空洞）时，可用手臂在直肠中前后抽动以促使其松弛。用牛直肠抽气装置进行人工排气效果更好。

5. 输精量与有效精子数

输精量与输入的有效精子数因精液的类型而不同，冻精一般输0.1～0.2毫升，有效精子数为1 000万～2 000万个。要获得良好的受胎效果，有效精子数与授精部位有关，浅部（子宫颈口）授精，需要精子数多些（易发生精液倒流），最少需1亿个，子宫体内授精只需500万个即可。

第五节 妊娠母牛的饲养管理

一、妊娠母牛的日粮组成

母牛妊娠后，饲料要求不仅要满足母牛生长发育需要营养，而且还要满足胎儿生长发育的营养需要和为产后泌乳进行营养蓄积。母牛怀孕前几个月，由于胎儿生长发育较慢，其营养需求较少，可以和空怀母牛一样，以粗饲料为主，适当搭配少量精料；如果有足够的青草供应，可不喂精料。母牛妊娠到中后期应加强营养，尤其是妊娠的最后 2～3 个月，应按照饲养标准配合日粮，以青饲料为主，适当搭配精料，重点满足蛋白质、矿物质和维生素的营养需要。蛋白质以豆粕质量最好，棉籽粕、菜籽粕含有毒成分，妊娠母牛不宜饲喂或少量饲喂；矿物质要满足钙、磷的需要；微量元素、维生素不足可使母牛发生流产、早产、弱产，犊牛出生后易发病，如缺磷不会影响母牛体况，但能使卵巢静止，影响繁殖。同时饲喂时应注意防止妊娠母牛过肥，尤其是产头胎的母牛，以免发生难产。母牛的妊娠期分为妊娠前期、妊娠中期和妊娠后期。精料参考配方：玉米 60%、饼粕类 26%、糠麸 10%、磷酸氢钙 2%、食盐 1%、微量元素维生素预混料 1%。

1. 妊娠前期日粮组成

从受胎到怀孕 2 个月之间的时期为妊娠前期，此期营养需要较低，重点是做好保胎工作。胎儿各组织器官处于分化形成阶段，营养上不必增加需要量，但要保证饲料营养的均衡和全价，尤其是矿物元素和维生素 A、维生素 D、维生素 E 的供给。饲料供给以优质青粗饲料为主，精料为辅。例如，一头体重 450 千克妊娠前期的母牛日粮给量为：青饲料 25～30 千克或秸秆（或干草）4~5 千克，配合饲料 1.5~2 千克。

2. 妊娠中期日粮组成

怀孕 2 个月到 7 个月之间的时期为妊娠中期，妊娠 5 个月后胎儿增重加快，此期的重点是保证胎儿发育所需要的营养。故此期应增加精料喂量，多给蛋白质含量高的饲料。日粮可由青草 25~30 千克或秸秆（或干草）3~4 千克，精料 2~3 千克组成。

3. 妊娠后期日粮组成

怀孕 8 个月到分娩的时期为妊娠后期，此期营养需要较高，重点确保胎儿快速发育所需要的营养。怀孕最后 2 个月，此期胎儿增重约占胎儿总重量的 75% 以上；同时，母体也需要储存一定的营养物质，使日增重达 0.3~0.4 千克，以供分娩和分娩后泌乳所需。故应增加精料喂量，多给蛋白质含量高的饲料。日粮可由青草 20~25 千克或秸秆（或干草）3~4 千克，精料 3~4 千克组成。分娩前最后 1 周内精料喂量减少 1/2。

二、妊娠母牛的饲养

妊娠母牛饲养管理的基本要求是体重增加、代谢增强、胚胎发育正常、犊牛初生重大、产后生活力强。妊娠母牛的营养需要和胎儿的生长速度有关，胎儿在 5 月龄前生长速度缓慢，以后逐渐加快，到第 9 妊娠月时，妊娠需要达到维持需要的 50%~60%，胎儿需要从母体吸收大量营养。一般在母牛分娩前，至少要增重 45~70 千克，才能保证产犊后的正常泌乳与发情，怀孕最后的 2~3 个月，应进行重点补饲。同时妊娠期间的营养水平还与产后泌乳量、正常发情有关，如果供给的营养不足，会影响犊牛的初生重、哺乳犊牛的日增重及母牛的产后发情。营养过剩使母牛发胖，生活力下降，影响繁殖和健康，母牛一般应保持中等膘情。对于头胎母牛，还要防止难产，尤其用大体型的牛改良小体型的牛，对妊娠后期的营养供给不可过量。

放牧情况下，母牛在妊娠初期，青草季节应尽量延长放牧时间，一般不补饲，晴天选择背风向阳的地方放牧，增强牛体运动。枯草季节，应根据牧草质量和牛的营养需要确定补饲草料的种类和数量。特别是怀孕后期的 2 ~ 3 个月，多采取选择优质草场，延长放牧时间，牧后应重点补饲，每天加喂 0.5 ~ 1 千克胡萝卜或干草以补充维生素 A 或用维生素 A 添加剂补充，精料每天补 1.0 ~ 1.5 千克。此外，还要补充食盐及其他矿物质元素，特别在放牧青草时应补充，因为青草中钾盐高，钠盐低，补食盐可维持钾、钠的适当比例，使体液稳定。正确的补盐方法是制成舔剂，任其自由舔食；或根据喂量，化在水中喂饮；或每天随草料拌匀给予。

舍饲妊娠母牛，要根据妊娠月份的增加调整日粮配方，增加营养物质给量。按以青粗饲料为主适当搭配精饲料的原则，参照饲养标准配合日粮；粗料如以玉米秸为主，要补饲精料；粗料若以麦秸、稻草等粗料为主，秸秆要适当处理加工，必须补饲精料。饲喂顺序：在精料和多汁饲料较少（占日粮干物质 10% 以下）的情况下，可采用先粗后精的顺序饲喂，即先喂粗料，待牛吃半饱后，在粗料中拌入部分精料或多汁料碎块，引诱牛多采食，最后把余下的精料全部投饲，吃净后下槽。若精料量较多，可按先精后粗的顺序饲喂。

肉用母牛的妊娠期一般为 270 ~ 290 天，平均为 280 天。一般分为妊娠前期、妊娠中期、妊娠后期和围产前期 4 个时期。

1. 妊娠前期的饲养

这一阶段，通过输精配种，精子和卵子结合发育成胚胎。此期的胚胎发育较慢，母牛的腹围没有明显的变化。母牛在妊娠初期，由于胎儿生长发育较慢，其营养需求较少，为此，对妊娠初期的母牛一般按空怀母牛一样进行饲养，以粗饲料为主，适当搭配少量精料。初孕青年母牛身体开始发胖，后部骨骼开始变宽，营养向胎儿和身体两个方面供给，精饲料每头日喂 1~1.5 千克，每天饲喂 3 次。

当母牛以放牧补饲饲养为主时，此期放牧一般可以满足母牛对营养的需要，放牧可以促进母牛生长，减少疾病发生，有利于胎儿发育。但在枯草期要补饲一定的粗饲料和精料，补饲的粗饲料要多样化，防止单一化。有条件的每天补饲青贮玉米 10~12 千克或块根饲料 2~4 千克或秸秆（干草）4~5 千克。每天补饲 2~3 次。要定时、定量，避免浪费。补饲时采取先精后粗的次序进行。

放牧时，不要快速驱赶，或者突然刺激母牛做剧烈活动，防止意外流产。青草期，以放牧采食青草为主，定时、定量饲喂精料。保证充足的饮水，每天饮水 3 次，冬季要饮温水。

牛舍要保持清洁干燥，每天打扫卫生 2~3 次。床位铺垫草，并且每天更换 1 次，每天刷拭牛体 1~2 次。

2. 妊娠中期的饲养

这一阶段，胎儿发育加快，母牛腹围逐渐增大。营养除了维持母牛身体需要外，全部供给胎儿。应提高营养水平，满足胎儿的营养需要，为培育出优良健壮的犊牛提供物质基础。精饲料补饲要增加，每头日喂 1.5~2 千克，每天饲喂 3 次。保持放牧加补饲的饲养方法，尤其冬季要补饲青粗饲料和多汁饲料，供给充足的饮水。放牧时，选择背风向阳的地方进行暂短的休息。

重点是保胎，不要饲喂冰冻的饲料，冬季不饮用太凉的水；不刺激孕牛做剧烈或突然的活动。每天刷拭牛体的同时注意观察母牛有无异常变化。所用料桶和水桶每次用后刷洗干净，晾干。饮水槽要定期刷洗，保持饮水清洁卫生。牛舍要保持清洁干燥，通风良好，冬季注意保温。

3. 妊娠后期的饲养

这一阶段是胎儿发育的高峰，母牛的腹围粗大。胎儿吸收的营养占日粮营养水平的70%～80%。妊娠最后2个月，母牛的营养直接影响着胎儿生长和本身营养蓄积，如果长期低营养饲喂饲养，母牛会消瘦并容易造成犊牛初生重低、母牛体弱和奶量不足，造成母牛易患产后瘫痪；若严重缺乏营养，会造成母牛流产。而高营养水平饲养，母牛则因肥胖出现影响分娩如难产、胎衣不下等。所以这一时期要加强营养但要适量。

保持放牧补饲饲养，供给充足饮水。35周龄以后，缩短放牧时间，每天上午和下午各2小时。由于母牛身体笨重，行走缓慢，放牧距离应缩短。严禁突然驱赶和鞭打孕牛，以防流产和早产。孕牛起卧时．让其自行起卧，禁止驱赶。

舍饲时母牛精饲料喂量2～2.5千克/（头·日）；37周龄结束至38周龄开始，根据母牛的膘情可适当减少精料用量，每头日喂量1.5～2千克，每天饲喂3次。

由于胎儿增大挤压了瘤胃的空间，母牛对粗饲料采食相对降低，补饲的粗饲料应选择优质、消化率高的饲料，水分较多的饲料要减少用量；38周龄时，饲喂的多汁饲料要减量，主要提供优质的干草和精料。按时供给饮水。每天注意观察孕牛状况，发现异常，立即请兽医诊治，每天刷拭牛体，清扫牛舍保持卫生。

三、妊娠母牛的管理

妊娠母牛管理的重点是做好保胎工作，预防流产或早产，保证安全分娩；在饲料条件较好时，应避免过肥和运动不足；在粗饲料较差时，做好补饲，保证营养供给。

1. 饲料管理

（1）应采用先粗后精的顺序饲喂。即先喂粗料，待牛吃半饱后，在粗料中拌入部分精料或多汁料碎块，引诱牛多采食，最后把余下的精料全部投饲，吃净后下槽。

（2）要注意饲料的多样化，重视青干草、青绿多汁饲料的供应，怀孕牛禁喂发霉变质或酸度过大的饲料，慎喂酒糟，不可饲喂冰冻或发霉腐败的饲料和饲草，以免引起孕牛的腹痛和消化不良，引起子宫收缩，造成流产。

（3）分娩前 2 周左右饲料要减少 1/3，以减轻肠胃负担，防止消化不良，特别注意的是要停喂青贮及多汁饲料，以免乳房过度膨胀。

2. 放牧管理

（1）在母牛妊娠期间，应注意防止流产、早产，这对放牧饲养的牛群更为重要。妊娠后期的母牛与其他牛群分别组群，单独在附近的草场进行放牧，以防止顶角打架、拥挤和乱爬跨而造成流产。为防止母牛之间互相挤撞，放牧时不要鞭打、驱赶，以防惊群。

（2）雨天不要放牧和进行驱赶运动，防止滑倒。不要在有露水的草场上放牧，也不要让牛采食大量易产气的幼嫩豆科牧草，不采食霉变饲料，不饮冰碴水和脏水。

3. 妊娠母牛日常管理。

（1）妊娠母牛在管理上要加强刷拭和运动，特别是头胎母牛，还要进行乳房按摩，以利产后犊牛哺乳。舍饲妊娠母牛每日运动 2 小时左右，以免过肥或运动不足，以防止发生妊娠浮肿，利于胎儿分娩。每天至少刷拭牛体 1 次，以保持牛体清洁。

（2）妊娠母牛应做好保胎工作，自由饮水，不饮脏水、冰水，水温要求不低于 8～10℃。

（3）对有病的妊娠母牛要慎重用药，防止因用药不当引起流产。

4. 一般管理措施

（1）刷拭。定期刷拭牛体，刷拭能清除牛体的污垢、尘土与粪便，保持牛体清洁，促进血液循环，增进新陈代谢，有益于牛的健康，同时还可以防止寄生虫病。刷拭应由颈部开始往后刷。先用毛刷和铁刷刷掉牛体粪便，然后用水清洗牛体。

（2）修蹄。由于受遗传和环境因素的影响，有的牛蹄会出现增生或病理症状，如变形蹄、腐蹄病等，如不及时修整，会造成牛行动上的困难和产乳量下降。修蹄应每年春秋各进行1次。

（3）按摩乳房。对青年母牛一般从妊娠5～6个月必须开始按摩乳房，每天1～2次，每次3～5分钟，至产前半个月停止按摩。

5. 怀孕母牛用药注意事项

母牛怀孕后，各器官发生一定的生理变化，对药物的反应与未孕母牛不完全相同，药物的分布和代谢也受妊娠的影响。因此，孕畜临床不合理用药将导致胚胎死亡、流产、死胎和胎儿畸形，从而造成医源性疾病。

孕牛发生疾病用药治疗时，首先考虑药物对胚胎和胎儿有无直接或间接严重危害的作用。其次是药物对母牛有无副作用与毒害作用。怀孕早期用药要慎重，当发生疾病必须用药时，可选用不会引起胚胎早期死亡和致畸的常用药物。

孕牛用药剂量不宜过大，时间不宜过长，以免药物蓄积作用而危害胚胎和胎儿。

服用腹泻药、皮质激素药、麻醉药、驱虫药、利尿药、发汗药等都易使妊娠母牛流产。孕牛应慎用全身麻醉药、驱虫剂和利尿剂。禁用有直接或间接影响生殖机能的药物，如前列腺素、肾上腺皮质激素、促肾上腺皮质激素和雌激素。严禁使用子宫收缩的药物，如催产素、垂体后叶制剂、麦角制剂、氨甲酰胆碱和毛果芸香碱。使用中药时应禁用活血祛瘀、行气破滞、辛热、滑利中药，如桃仁、红花、枳实、益母草、当归、乌头等。对云南白药、地塞米松等也应慎重使用。

用药时必须考虑药物对胚胎和胎儿有无潜在性危害作用，但要改变那种认为“孕畜用药都是有害”的观点。为了胚胎和胎儿的安全而延误孕牛的治疗，反而损害母牛的健康，造成母牛与胎儿双亡现象。因此，孕牛患病时应积极用药治疗，确保母体健康，力求所用药物对胚胎和胎儿无严重危害。

第六节　空怀母牛的饲养管理

空怀母牛指在正常的适配期（如初配适配期，产后适配期等）内不能受孕的母牛，空怀母牛的饲养管理的主要任务是查清不孕的原因，针对性采取措施平衡营养，提高受配率、受胎率，降低饲养成本。造成母牛空怀的原因主要有先天和后天 2 方面的原因，因先天性原因造成母牛空怀的几率较低。后天性原因主要有饲养和管理，如营养缺乏（包括母牛在犊牛期的营养缺乏）、生殖器官疾病、漏配、失配、营养过剩或运动不足引起的肥胖、环境恶化（过寒过热，空气污染，过度潮湿等），一般在疾病得到有效治疗、改善饲养管理条件后能克服空怀。

对于空怀母牛的饲养要求配种前具有中等膘情，不可过肥或过瘦，特别是纯种肉母牛，过肥的情况常出现。过瘦母牛在配种前的 2 个月要补饲精料，平衡日粮，能提高受胎率。

一、空怀母牛的饲养

舍饲空怀母牛的饲养以青粗饲料为主，适当搭配少量精料，当以低质秸秆为粗料时，应补饲1～2千克精料，改善母牛的膘情，力争在配种前达到中等膘情，同时注意食盐等矿物质、维生素的补充。

以放牧为主的空怀母牛，放牧地离牛不应超过3 000米。青草季节应尽量延长放牧时间，一般可不补饲，但必须补充食盐；枯草季节，要补饲干草（或秸秆）3～4千克和1～2千克精料。实行先饮水后喂草，待牛吃到5～6成饱后，喂给混合精料，再饮淡盐水，待牛休息15～20分钟后出牧，放牧回舍后给牛备足饮水和夜草，让牛自由饮水和采食。草料要新鲜无霉烂变质。初牧10天限制采食幼嫩牧草和树叶等，防止有毒植物中毒或瘤胃胀气发生。

二、空怀母牛的管理

空怀母牛的管理最主要的就是要及时查清母牛空怀原因，并采取相应的治疗措施。母牛空怀的原因有先天性和后天性两个方面。先天性不孕一般是由于母牛先天性发育异常。后天性不孕主要是由于营养缺乏、饲养管理及疾病所致。成年母牛因饲养管理不当造成的不孕，在恢复正常营养水平后，大多能够自愈。

牛舍内通风不良、空气污浊、夏季闷热、冬季过于寒冷、过度潮湿等恶劣环境极易危害牛体健康，敏感的个体，很快停止发情。因此改善饲养管理条件对提高母牛繁殖力，减少空怀十分重要。此外，运动和日光照射对增强体质、提高肉牛的生殖机能有着密切关系。

三、母牛不孕病的治疗

（一）卵巢静止

卵巢静止是卵巢机能受到扰乱后处于静止状态。母牛表现不发情，直肠检查，虽然卵巢大小、质地正常，表面光滑，却无卵泡发育，也无黄体存在。或有残留陈旧黄体痕迹，大小如蚕豆，较软，有些卵巢质地较硬，略小，相隔 7～10 天，甚至 1 个发情周期再作直肠检查，卵巢仍无变化。子宫收缩乏力，体积缩小，外部表现和持久黄体的母牛极为相似，有些患牛消瘦，被毛粗糙无光。

治疗的原则是恢复卵巢功能。

1. 按摩

隔天按摩卵巢、子宫颈、子宫体 1 次，每次 10 分钟，4～5 次 1 个疗程，结合注射己烯雌酚 20 毫克。

2. 药物治疗

①肌内注射促卵泡素 100～200 单位，出现发情和发育卵泡时，再肌内注射促黄体素 100～200 单位。以上 2 种药物都用 5～10 毫升生理盐水溶解后使用。

②肌内注射孕马血清 1 000～2 000单位，隔天 1 次，2 次为 1 疗程。

③隔天注射己烯雌酚 10～20 毫克，3 次为 1 个疗程，隔 7 天不发情再进行 1 个疗程。当出现第 1 次发情时，卵巢上一般没有卵泡发育，不应配种，第 1 次自然发情时，应适时配种。

④用黄体酮连续肌内注射 3 天，每次 20 毫克，再注射促性腺激素，可使母牛出现发情。

⑤肌内注射促黄体释放激素类似物（LRH～A_3）400～600 单位，隔天 1 次，连续 2～3 次。

(二) 持久黄体

发情周期黄体或妊娠黄体超过正常时间(20~30天)不消退,称为持久黄体或黄体滞留。前者为发情周期持久黄体,后者为妊娠持久黄体,两者与妊娠黄体在组织结构和对机体的生理作用方面没有区别,都能分泌孕酮,抑制卵泡发育,使母牛发情周期停止循环,引起不育。

(1)病因。饲养管理失调,饲料营养不平衡,缺乏矿物质和维生素,缺少运动和光照,营养和消耗不平衡,气候寒冷且饲料不足,子宫疾病(如子宫炎、子宫积水、子宫积脓、死胎,部分胎衣滞留等)都会使黄体不能及时消退,妊娠黄体滞留,造成子宫收缩乏力和恶露滞留,进一步引起子宫复旧不全和子宫内膜炎的发生。

(2)症状。发情周期停止循环,母牛不发情,营养状况、毛色、泌乳等都无明显异常。直肠检查:一侧(有时为两侧)卵巢增大,表面有突出的黄体,有大有小,质地较硬,同侧或对侧卵巢上存在1个或数个绿豆或豌豆大小的卵泡,均处于静止或萎缩状态,间隔5~7天再次检查时,在同一卵巢的同一部位会触到同样的黄体、卵泡,两次直肠检查无变化,子宫多数位于骨盆腔和腹腔交界处,基本没有变化,有时子宫松软下垂,稍粗大,触诊无收缩反应。

(3)诊断。根据临床症状和直肠检查即可确诊,但要做好鉴别诊断。持久黄体与妊娠黄体的区别:妊娠黄体较饱满,质地较软,有些妊娠黄体似成熟卵泡,而持久黄体不饱满,质硬,经过2~3周再做直肠检查,黄体无变化。妊娠时子宫是渐进性的变化,而持久黄体的子宫无变化。

(4)防治。持久黄体的医治应首先从改善饲料、管理及利用方面着手。目前,前列腺素 F_{2a} 及其类似物是有效的黄体溶解剂。

前列腺素（PGF_{2a}）4 毫克，肌内注射或加入 10 毫升灭菌注射用水后注入持久黄体侧子宫角，效果显著。用药后一周内可出现发情，配种并能受孕，用药后超过一周发情的母牛，受胎率很低。个别母牛虽在用药后不出现发情表现，但经直肠检查，可发现有发育卵泡，按摩时有黏液流出，呈暗发情，如果配种也可能受胎。

氯前列烯醇，一次肌内注射 0.24～0.48 毫克，隔 7～10 天做直肠检查，如无效果可再注射 1 次。此外，以下药物也可以用于医治持久黄体。

①促卵泡激素（FSH）100～200 单位，溶于 5～10 毫升生理盐水中肌内注射，经 7～10 天直肠检查，如黄体仍不消失，可再肌内注射 1 次，待黄体消失后，可注射小剂量人绒毛膜促性腺激素（hCG），促使卵泡成熟和排卵。

②注射促黄体释放激素类似物（$LRH-A_3$）400 单位，隔日再肌内注射 1 次，隔 10 天做直肠检查，如仍有持久黄体可再进行 1 个疗程。

③皮下或肌内注射 1 000～2 000 单位孕马血清，作用同 FSH。

④黄体酮和雌激素配合应用，注射黄体酮 3 次，1 天 1 次，每次 100 毫克，第 2 及第 3 次注射时，同时注射己烯雌酚 10～20 毫克或促卵泡素 100 单位。

（三）卵泡萎缩及交替发育

卵泡萎缩及交替发育都是卵泡不能正常发育、成熟到排卵的卵巢机能不全。

（1）病因。本病主要是受气候与温度的影响，长期处于寒冷地区，饲料单纯，营养成分不足导致本病发生；运动不够也能引起本病。

（2）症状及诊断。

①卵泡萎缩：在发情开始时，卵泡的大小及外表发情表现与正常发情一样，但卵泡发育缓慢，中途停止发育，保持原状3～5天，以后逐渐缩小，波动及紧张度也逐渐减弱，外部发情症状逐渐消失，发生萎缩的卵泡可能是1个或2个以上，也可发生在一侧或两侧。因为没有排卵，卵巢上也没有黄体形成。

②卵泡交替发育：一侧卵巢原来正在发育的卵泡停止发育并开始逐渐萎缩，而在对侧或同侧卵巢上又有数目不等的卵泡出现并发育，但发育不到成熟又开始萎缩，此起彼落，交替不已。其最后结果是其中1个卵泡发育成熟并排卵，暂无新的卵泡发育。卵泡交替发育的外在发情表现随卵泡发育的变化而有时旺盛，有时微弱，呈断续或持续发情，发情期拖延2～5天，有时长达9天，但一旦排卵，1～2天之内即停止发情。

卵泡萎缩和交替发育需要多次直肠检查，并结合外部发情表现才能确诊。

（3）治疗。

①促卵泡激素（FSH）：肌内注射100～200单位，每天或隔天1次，具有促进卵泡发育、成熟、排卵作用。绒毛膜促性腺激素（hCG）对卵巢上已有的卵泡具有促进成熟、排卵并生成黄体的作用，与促卵泡激素结合使用效果更佳，肌内注射5 000单位，静脉注射只需3 500单位。

②孕马血清：肌内注射1 000～2 000单位，作用同FSH。

③加强饲养管理。

（四）卵巢萎缩

卵巢萎缩是卵巢体积缩小，机能减退，有时发生一侧卵巢，也有同时发生在两侧卵巢，表现为发情周期停止，呈长期不发情。卵巢萎缩大都发生于体质衰弱牛只（如发生的全身性疾病、长期饲养管理不当）和老年牛，黄体囊肿、卵泡囊肿或持久黄体的压迫及患卵巢炎同样也会造成卵巢萎缩。

（1）症状。临床表现发情周期紊乱，极少出现发情和性欲，即使发情，表现也不明显，卵泡发育不成熟、不排卵，即使排卵，卵细胞也无受精能力，直肠检查，卵巢缩小，仅似大豆及豌豆大小，卵巢上无黄体和卵泡，质地坚硬，子宫缩小、弛缓、收缩微弱。间隔 1 周，经几次检查，卵巢与子宫仍无变化。

（2）治疗。治病原则是年老体衰者淘汰，有全身疾病的及时治疗原发病，加强饲养管理，增加蛋白质、维生素和矿物质饲料的供给，保证足够的运动，同时配合以下不同药物治疗。

①促性腺释放激素类似物（$LRH \sim A_3$）1 000单位，肌内注射，隔天 1 次，连用 3 天，接着肌内注射三合激素 4 毫升。

②人绒毛膜促性腺激素（hCG）10 000 ~ 20 000单位，肌内注射，隔天再注射 1 次。

③孕马血清 1 000 ~ 2 000单位，肌内注射。

（五）排卵延迟

（1）病因。排卵延迟主要原因是垂体分泌促黄体激素不足，激素的作用不平衡，其次是气温过低或突变，饲养管理不当。

（2）症状。卵泡发育和外表发情表现与正常发情一样，但成熟卵泡比一般正常排卵的卵泡大，所以直肠触摸与卵巢囊肿的最初阶段极为相似。

（3）治疗。排卵延迟的治疗原则是改进饲养管理条件，配合药物治疗，所用药物有：

①促黄体素：肌内注射 100 ~ 200 单位，在发现发情症状时，肌内注射黄体酮 50 ~ 100 毫克。对于因排卵延迟而屡配不孕的牛，在发情早期可应用雌激素，晚期可注射黄体酮。

②促性腺释放激素类似物：肌内注射400单位，于发情中期应用。

（六）卵巢囊肿

卵巢囊肿分为卵泡囊肿和黄体囊肿2种。

1. 卵泡囊肿

卵泡囊肿是由于未排卵的卵泡上皮变性，卵泡壁结缔组织增生，卵细胞死亡，卵泡液不被吸收或增多而形成。卵泡囊肿占卵巢囊肿70%以上，其特征是无规律频繁发情或持续发情，甚至出现慕雄狂。慕雄狂是卵泡囊肿的一种症状，其特征是持续而强烈的发情行为，但不是只有卵泡囊肿才引起的，也不是卵泡囊肿都具有慕雄狂的症状。卵泡囊肿有时是两侧卵巢上卵泡交替发生，当一侧卵泡挤破或促排后，过几天另一侧卵巢上卵泡又开始发生囊肿。

（1）病因。卵泡囊肿主要原因是垂体前叶所分泌的促卵泡激素过多，或促黄体激素生成不足，使排卵机制和黄体的正常发育受到了扰乱，卵泡过度增大，不能正常排卵，卵泡上皮变性形成囊肿。从饲养管理上分析，日粮中的精料比例过高，缺少维生素A；运动和光照减少，诱发舍饲泌乳牛发生卵泡囊肿；不正确地使用激素制剂（如饲料中过度添加或注射过多雌激素），胎衣不下、子宫内膜炎及其他卵巢疾病等引起卵巢炎，使排卵受到扰乱，也可伴发卵泡囊肿，有时可能与遗传基因有关。

（2）症状。患牛发情表现反常，发情周期缩短，发情期延长，性欲旺盛，特别是慕雄狂的母牛，经常追逐或爬跨其他牛只，由于过度消耗体力，体质瘦削，毛质粗硬，食欲逐渐减少。由于骨骼脱钙和坐骨韧带松弛，尾根两侧处凹陷明显，臀部肌肉塌陷。阴唇肿胀，阴门中排出数量不等的黏液。直肠检查：卵巢上有1个或数个大而波动的卵泡，直径可达2～3厘米，大的如鸽蛋，泡壁略厚，连续多次检查可发现囊肿交替发生和萎缩，但不排卵，子宫角松软，收缩性差。长期得不到治疗的卵泡囊肿病牛可能并发子宫积水和子宫内膜炎。

（3）治疗。卵泡囊肿的患牛，提倡早发现早治疗，发病6个月之内的患牛治愈率为90%，1年以上的治愈率低于80%，继发子宫积水等的患牛治疗效果更差。一侧多个囊肿，一般都能治愈。在治疗的同时应改善饲养管理条件，否则治愈后易复发。治疗药物如下。

①促黄体素200单位，肌内注射。用后观察1周，如效果不明显，可再用1次。

②促性腺释放激素0.5～1毫克，肌内注射。治疗后，产生效果的母牛大多数在12～23天内发情，基本上起到调整母牛发情周期的效果。

③绒毛膜促性腺激素，静脉注射10 000单位或肌内注射20 000单位。

对出现慕雄狂的患牛可以隔日注射黄体酮100毫克，2～3次，症状即可消失；在使用以上激素效果不显著时可肌内注射10～20毫克地塞米松效果较好。

2. 黄体囊肿

黄体囊肿是未排卵的卵泡壁上皮黄体化，或者是正常排卵后，由于某些原因，黄体化不足，在黄体内形成空腔，腔内聚积液体。前者称黄体化囊肿，后者称囊肿黄体，囊肿黄体与卵泡囊肿和黄体化囊肿在外形上有显著不同，它有一部分黄体组织突出于卵巢表面，囊肿黄体不一定是病理状态。黄体囊肿在卵巢囊肿中占25%左右。

（1）症状。黄体囊肿的临床症状是不发情。直肠检查可以发现卵巢体积增大，多为1个囊肿，大小与卵泡囊肿差不多，但壁较厚而软，不紧张。黄体囊肿母牛血浆孕酮浓度比一般母牛正常发情后黄体高峰期的孕酮浓度还要高，促黄体激素浓度也比正常牛的高。

（2）治疗。同持久黄体。

四、子宫内膜炎的治疗

牛子宫内膜炎的致病因素较复杂，而病情、疾病性质和临床表现因个体而不尽相同，必须依临床表现进行综合评价，根据不同的类型和病情发展阶段，制定有针对性的治疗方案，合理选用药物，才能达到最佳的治疗效果。

1. 子宫内膜炎的分类

根据黏膜炎症的性质不同，将子宫内膜炎分为卡他性、脓性、卡他性脓性和坏死性子宫内膜炎。根据病程的长短，可分为急性和慢性子宫内膜炎。慢性由急性转化而来，慢性炎症有时会急性发作。子宫内膜炎常因炎症的扩散引起子宫肌炎和子宫浆膜炎及盆腔炎等。

（1）急性子宫内膜炎。多发于牛产后及流产后，表现有黏液性或脓性黏液。母牛体温稍升高，食欲下降，有时会出现拱背、努责、排尿姿势，从阴门排出少量黏液或脓性分泌物。

（2）慢性子宫内膜炎。

①卡他性子宫内膜炎：牛发情周期正常，但屡配不孕或胚胎死亡。子宫腔内渗出物排不出而引发子宫积水，冲洗子宫回流液略浑浊，类似清鼻液或淘米水。

②卡他脓性子宫内膜炎：患牛有轻度全身反应，发情不正常，阴门中排出灰白色或黄褐色稀薄脓液，尾根部、阴门和飞节上常沾有阴道排出物或干痂。冲洗回流液如绿豆汤或米汤样，其中有小脓块或絮状物。

③慢性脓性子宫内膜炎：从阴门中排出脓性分泌物，卧下时排出的较多，阴门周围皮肤及尾根部黏附着脓性分泌物，干后变薄痂。

（3）隐性子宫内膜炎。子宫不发生肉眼可见的变化，直肠检查和阴道检查无任何变化，发情周期正常，但屡配不孕。牛发情时子宫流出的分泌物较多，有时分泌物略微浑浊。子宫内液体抹片，镜检可见有中性白细胞聚集。

由于隐性子宫内膜炎临床症状不明显，早期不易被发现，易被忽视或误诊，往往延误了最佳治疗时间，使其转化为显性的顽固性炎症，导致母牛长期不孕。隐性子宫内膜炎的诊断可采用以下方法。

①生物试验法：在载玻片上分别放上2滴精液，其中的1滴加入在发情时从子宫颈采取的黏液，将液滴盖上盖玻片，在显微镜下检查。如果精子在黏液中逐渐不运动或凝集，则为子宫内膜炎阳性。

②含硫氨基酸诊断方法：该方法简便、快速、准确。诊断方法是将0.5%醋酸铅溶液4毫升加人试管中，再加入14滴20%的氢氧化钠溶液和1～1.5毫升的子宫内容物，然后轻轻摇动试管，用酒精灯加热3分钟，但不要达到沸腾。若被检子宫内容物中含有硫氨基酸时，混合物便呈现为褐色或黑色，这时即可诊断为隐性子宫内膜炎（图4－5）。使用本方法应在授精前采取子宫内容物，否则含硫氨基酸会随精液进到子宫内，从而降低诊断的准确性。

③硝酸银试验法：由于牛发生子宫内膜炎后，其子宫壁中产生组织胺的肥大细胞明显增多，因而，通过检查尿液中的胺简介进行子宫内膜炎的诊断。向试管中的2毫升被检尿液加入1毫升5%硝酸银水溶液，在酒精灯上煮沸2分钟，结果试管出现沉淀：

黑色为阳性反应，褐色和更淡色为阴性反应（图 4 -6）。

图 4 -5　子宫黏液检测法显色（施巧婷　供图）

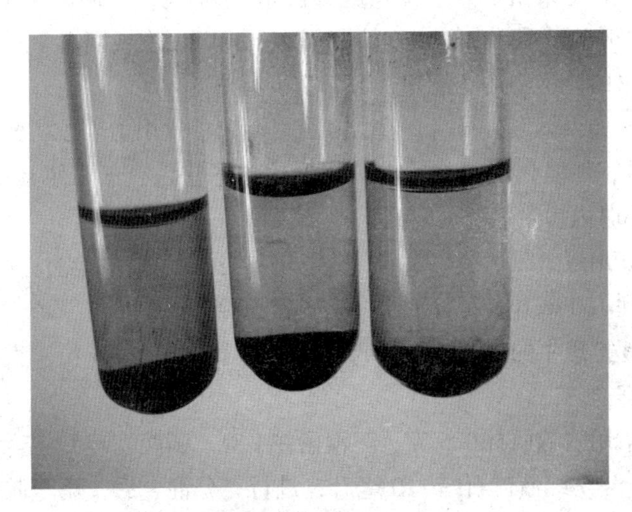

图 4 -6　尿液检测法显色（施巧婷　供图）

在生产条件下母牛发情期时为了进行母牛临床症状不明显型子宫内膜炎的诊断可以利用生物试验法，随后进行检验子宫黏液中的含硫氨基酸，当大批检查时可用硝酸银试验法进行检验。

2. 西医疗法

（1）子宫内给药。当子宫内膜炎无全身症状时，一般采用子宫局部用药。一般选用广谱抗生素或其他抗菌药物，如土霉素、四环素、金霉素、氯霉素、碘甘油、氟哌酸等。

①土霉素粉 2 克或四环素粉 2 克；一同溶于 100～200 毫升的蒸馏水中，一次注入子宫。每日 1 次或隔日 1 次，直至排出的分泌物洁净清亮、数量变少为止。

②金霉素 1 克和青霉素 80 万～100 万单位，一同溶于 100～200 毫升的蒸馏水中，一次注入子宫。每日 1 次或隔日 1 次，直至排出的分泌物洁净清亮、数量变少为止。

③青霉素 100 万单位和链霉素 0.5～1 克，一同溶于 100～200 毫升的蒸馏水中，一次注入子宫。每日 1 次或隔日 1 次，直至排出的分泌物洁净清亮、数量变少为止。

④如果体温升高时，在 250 毫升生理盐水中加入 2% 的碘酊 6 毫升，加温到 40～45℃时，一次输进子宫内，不要使其流出，1.5 小时内病牛体温可降到正常。

⑤用尿素 1.5 克、甘油 25 毫升和呋喃西林 0.1 克，加蒸馏水达到 100 毫升，每日 1 次灌入子宫 50 毫升。

⑥把患牛的外阴洗净消毒，用红霉素胶囊 4～6 粒，直接投入子宫内。

⑦用呋喃西林 0.5 克、三溴酚铋 1 克、磺胺噻唑 12 克、ZnO 9 克、化学纯液体石蜡 110 毫升，进行充分混合后，用塑胶管一次灌注进子宫内，可有 1 周的作用。

⑧灌注青链霉素合剂，用青霉素 240 万单位和链霉素 300 万

单位，溶入300毫升生理盐水中，在输精或配种前8小时一次注入子宫内，受胎率可提高。

（2）子宫冲洗。因牛子宫颈管细长、子宫角下垂，冲洗液不易排出，易经输卵管进入腹腔，故一般不主张进行子宫冲洗。子宫内膜炎最急性期以及坏死性子宫炎、纤维素性子宫炎时一般禁止冲洗。尤其是对伴有严重全身症状的急性子宫内膜炎更应禁止冲洗子宫。子宫冲洗液可选用35～40℃的0.1%高锰酸钾溶液、0.02%呋喃西林溶液或0.02%新洁尔灭溶液等冲洗子宫，排出炎性渗出液，再用生理盐水5 000毫升反复冲洗子宫。

冲洗后要尽量排净冲洗液，为此可进行直肠内按摩子宫或使用子宫收缩剂。

（3）激素疗法。为促进子宫收缩及其机能恢复，排出炎性产物，可注射垂体后叶素、麦角新碱、催产素等，催产素用量一般为20单位。对有渗出物蓄积的病例，每3天注射雌二醇8～10毫克，注射后4～6小时再注射催产素20单位，效果更好。

如果子宫颈尚未开张，可肌内注射雌激素制剂促进颈口开张。开张后肌内注射催产素或静脉注射10%氯化钙液100～200毫升，促进子宫收缩，提高子宫张力，诱导子宫内分泌物排出。

（4）生物疗法。向子宫内投入阴道乳酸杆菌，产生乳酸，以此来抑制病原菌，这种制剂无副作用，克服了使用抗菌药所产生的细菌抗药性和药物的刺激作用。

（5）其他西医疗法。

①用生理盐水15毫升，把12粒金霉素胶囊中的粉剂取出溶进盐水中，注入子宫颈口内，一次即可。同时，用马来酸麦角新碱15毫克，垂体后叶素100单位，混合后一次进行肌内注射，1天1次，连用4次。

②用链霉素240万单位、青霉素340万单位、生理盐水30

毫升，混合后慢注子宫颈内，4 天 1 次，2 次可愈。同时，用垂体后叶素注射液 80 万单位和马来酸麦角新碱注射液 12 毫克，混合后一次肌内注射，1 天 1 次，连续注射 3 天。

（6）针对症状进行治疗。对有感染扩散倾向或全身症状明显的病例，可全身应用抗生素，以控制感染扩散。同时可视病情进行强心补液。

3. 中医疗法

①子宫有出血现象时，用 1% 的明矾或者 1% ~3% 的鞣酸冷溶液冲洗，用量为 500 ~1 100毫升。冲洗以后，要按摩子宫，尽量让蓄在子宫内的液体排出。

②用新鲜艾叶 250 克（干艾叶减半），加进清水 2 800毫升，煮沸 25 分钟，过滤后用灌肠器或大容量的注射器，用药液反复冲洗阴道、子宫，并且还要用 20 毫升的 10% 乌洛托品进行肌内注射。

③用五灵脂 120 克、蒲黄 120 克开水冲泡，五灵脂泡开即可。药汁一次灌服，2 天后再服 1 剂。

④用忍冬藤 70 克、桃仁 100 克、野菊花 70 克、车前草 62 克，共煎汁，一次灌服。

⑤用白芍 16 克、白豆 16 克、白术 15 克、白芷 15 克、白糖 18 克，共研为细末，开水冲调一次灌服。

⑥用银花 65 克、黄芩 34 克、丹皮 30 克、连翘 64 克、赤芍 30 克、香附 36 克、薏苡仁 37 克、蒲公英 36 克、桃仁 29 克、延胡索 37 克，共研为细末，用开水冲调一次灌服。

⑦用山药 100 克、牡蛎 56 克、茜草 37 克、龙骨 55 克、海螵蛸 30 克、苦参 37 克、黄柏 35 克、甘草 20 克，煎汁后一次灌服，连服 3 剂。灵脂 30 克、川芎 18 克、当归 30 克、延胡索 29 克、吴萸 30 克、棕炭 32 克、茯苓 25 克、炒白芍 36 克、炙甘草

32 克、赤芍 25 克、炒小茴香 38 克，共研为细末，开水冲烫一次灌服。

4. 根据不同类型子宫内膜炎采取有针对性的治疗方案

（1）急性子宫内膜炎的治疗。消除全身症状，制止感染扩散，促进子宫收缩，可采取肌内注射青霉素 320 万单位、链霉素 300 万单位，每日 2 次，连用 3～5 天，同时采用子宫灌注法。0.1% 新洁尔灭冲洗子宫，再用生理盐水冲洗至洗液透明。

中药方剂：车前子 50 克、益母草 60 克、双花 50 克、党参 60 克、土茯苓 50 克、黄芪 30 克、连翘 40 克、桃仁 30 克、知母 30 克、黄柏 30 克、炮姜 15 克、泽兰叶 30 克、炙甘草 20 克、白芍 30 克、香附 30 克、红花 20 克、元胡索 20 克。水煎取汁，每天分 2 次灌服，3 天为一疗程。

（2）慢性子宫内膜炎的治疗。采取冲洗子宫法时，可根据具体情况结合症状，再使用抗生素或防腐药，最好用药前先做药敏实验，根据结果选用高敏药物。冲洗时严格遵守消毒规则，小剂量反复冲洗，直至冲洗液透明为止。

子宫积水或子宫积脓的病例，先排出子宫内积留的液体再进行冲洗。当子宫颈收缩，冲洗管不易通过时，注射雌激素促使子宫颈开张，加强子宫收缩。产后几天或子宫壁肌肉层发炎时不用或慎用冲洗法。冲洗液常用 0.1% 高锰酸钾、0.02% 新洁尔灭、生理盐水、2%～10% 高渗盐水等溶液。一次注入冲洗液以 100 毫升左右为宜。

①慢性卡他性子宫内膜炎治疗：采用冲洗法和灌注法相结合。冲洗液可任选一种，灌注药采用氯霉素 1.5 克、痢特灵 0.5 克、植物油 20 毫升。一次注药 5 天后检查，如未愈再重复注药一次或灌注 0.1% 乳酸环丙沙星溶液 50 毫升，每天 1 次，连用 3～4 天。

②慢性卡他脓性子宫内膜炎和慢性子宫脓性内膜炎的治疗：一般采用先冲洗后，再注入子宫抗菌消炎制剂，如中药黄柏、苦参、龙胆草、穿心莲、益母草各20克，水煎浓缩至40毫升，隔日一次。并配合激素疗法，肌内注射已烯雌酚20～30毫克，隔日1次。或15－甲基前列腺素$F_{2\alpha}$2～4毫克/次，每日2次。当子宫内脓液较少时，可直接子宫灌注5%～10%鱼石脂液，每次100毫升，每日1次，连用3天。

对慢性及其含有脓性分泌物的病牛，可用卢格氏液，或用0.1%高锰酸钾液，或用0.05%呋喃西林液，或用3%～5%氯化钠液，冲洗子宫。卢格氏液配制方法：碘25克、碘化钾25克，加蒸馏水50毫升溶解后，再加蒸馏水到500毫升，配成5%碘溶液备用。用时取5%碘溶液20毫升，加蒸馏水500毫升，一次灌入子宫。碘溶液具有很强的杀菌力，用时由于碘的刺激性，可促使子宫的慢性炎症转为急性过程，因而可使子宫黏膜充血，炎症渗出增加，加速子宫的净化过程，促使子宫早日康复。

对于子宫蓄脓症的治疗，可用前列腺素及其类似物，一次向子宫腔内注射2～6毫克，能获得良好效果。对纤维蛋白性子宫内膜炎，禁止冲洗子宫、以防炎症扩散。为了消除子宫内渗出物，可用药物促使子宫收缩，并向子宫腔内投入土霉素胶囊。

（3）隐性子宫内膜炎的治疗。可采取子宫灌注抗生素。母牛发情后在输精前2小时宫注青霉素160万单位、链霉素100万单位、生理盐水50毫升左右。输精后2小时子宫注入青霉素320万单位，链霉素200万单位，生理盐水50毫升左右。

（4）母牛产后子宫保健方案。

①母牛产后1天（待胎衣排出后）土霉素泡腾片，防止子宫感染。

②母牛产后3天，如果子宫有蓄脓、胎衣不下、胎衣不全、

恶臭、发烧等症状时，可用土霉素、呋喃西林各10克加蒸馏水配成500毫升的溶液进行子宫的软管投药，1次1瓶，间隔2~3天，连投3次。如果积液严重，还可以适当加一些子宫收缩药。

③产后15天左右，子宫颈口基本恢复，软管已无法进入。这时如果发现子宫仍然有大量积脓，可用土霉素、环丙沙星加雌激素（雌激素主要起松弛子宫颈口，防止投药时造成子宫损伤）进行硬管投药，一次250毫升左右，连投1~2次。

④产后40天后可肌内注射前列烯醇等促使奶牛发情，检查其黏液判断子宫内情况，防止隐性子宫内膜炎。如果这时发现子宫黏液中还含有少量白脓，表明子宫深处依然有炎症，可用青、链霉素配成50~60毫升用外套管再进行1次投药治疗。

五、缩短母牛产后空怀期的措施

1. 促进子宫复旧

母牛产后恶露较多，持续时间较长，子宫完全复旧至少需要20~30天。子宫复旧的状态除直接影响卵子受精和受精卵的发育和着床外，还与卵巢机能的恢复直接相关。产后卵巢如能迅速出现卵泡活动，即使不排卵，也会大大提高子宫的紧张度，促进子宫内恶露的排出和正常生理状态的恢复。

在子宫复旧未完成时使用$PGF_{2\alpha}$可以缩短产后到出现第1次发情的时间并提高受胎率。$PGF_{2\alpha}$此时的主要作用是促进子宫的复旧，恢复子宫的正常功能，同时又可调节卵巢的正常功能。

2. 控制母牛的营养水平

牛产后卵泡不能充分发育和排卵、排卵后出现短周期的直接原因是促性腺激素的分泌频率和分泌量降低，特别是LH的分泌频率低。特别是在产后6~8周泌乳出现高峰期，而此期也正是卵巢重新出现正常周期性活动和进行第一次配种的重要时期，体况差的母牛，最容易出现能量负平衡，直接影响泌乳量和繁殖效率。但产前过度肥胖的母牛又可能增加出现生产瘫痪、消化紊乱和酮血症的危险性。在产后配种时体重仍在降低的母牛 LH 峰值低，发情出现较晚，第 1 次配种受胎率较体重逐渐增加者明显要低。

3. 激素处理

（1）子宫内灌注儿茶酚雌激素。在卵泡中儿茶酚雌二醇的作用之一是抑制基础的和生长因子诱导的颗粒细胞分化。因此，儿茶酚雌激素对颗粒细胞的抗分裂作用，有助于颗粒细胞产生孕酮，以及排卵后形成黄体。

（2）使用促性腺激素和 GnRH 诱导排卵。在产后 16 ~ 30 天一次性或多次注射 LH 或 GnRH（或其类似物）可诱导母牛排卵。

（3）孕激素处理。耳部埋置 3 毫克孕酮类似物诺甲酯孕酮 9 天后，在 48 小时内注射 1 000 单位 HCG，诱导排卵后黄体期维持正常长度的比例增加。诺甲酯孕酮埋置 6 天后 LH 浓度和分泌频率均有增加，排卵前外周血中雌二醇浓度和大卵泡上 LH 受体数量也有所增加，由于促性腺激素的增加促进了卵泡的发育。

（4）使用 $PGF_{2\alpha}$。产后早期注射 $PGF_{2\alpha}$ 还可以促进子宫复旧，因此产后使用 $PGF_{2\alpha}$ 可以缩短产后出现第 1 次发情的时间间隔并提高受胎率。

第五章 提高母牛繁殖力的技术措施

第一节　母牛繁殖力评定

一、衡量母牛群繁殖力的指标

母牛的繁殖能力主要是指生育后代的能力和哺育后代的能力。它与性成熟的迟早、发情周期正常与否、发情表现、排卵多少、卵子受精能力、妊娠和泌乳量高低等有密切关系。母牛繁殖率多采用受胎率、繁殖率、成活率、产犊指数、繁殖成活率等指标表示。

（一）评定发情与配种质量的指标

1. 受配率

规模化肉牛繁育场母牛受配率应在95%以上。

2. 受胎率

（1）情期受胎率。情期受胎率一般要求达到55%以上。

（2）第一情期受胎率或一次情期受胎率。育成牛的第一情期受胎率一般要求达65%～70%。

（3）年总受胎率。总受胎率要求大于85%，管理好的母牛繁育场（户）可达到95%以上。

3. 配种指数

反映配种受胎的另一种表达方式。配种指数一般要求为1.5～1.7。

（二）评定牛群增值情况的指标

1. 产犊率

产犊率应在90%以上。

2. 繁殖率

主要反映牛群繁殖效率，与发情、配种、受胎、妊娠、分娩等生殖活动机能及管理水平有关。母牛标准化养殖场或牧场的繁殖率要达到80%以上。

3. 犊牛成活率

反映母牛的泌乳力和带犊能力及饲养管理成绩。母牛标准化养殖场犊牛成活率应达到95%以上。

4. 繁殖成活率

该指标可反映发情、配种、受胎、妊娠、分娩、哺乳等生殖活动机能及管理水平，是衡量繁殖效率最实际的指标。

5. 产犊间隔

由于妊娠期是一定的，因此，提高母牛产后发情率和配种受胎率是缩短产犊间隔、提高牛群繁殖力的重要措施。年平均产犊间隔不应大于400天，管理好的母牛繁育场（户）产后第1次配种时间为35～55天。

二、影响繁殖力的因素分析

1. 遗传因素

这是影响家畜繁殖率的主要因素，不同品种有差异，同一品种不同个体间也有差异。繁殖性状的遗传力较低，大多在0.1左右。产犊间隔的遗传力是0.10～0.15。受胎率的遗传力是0～0.15。母性能力遗传力是0.40。牛双胎遗传力也很低。

2. 营养因素

营养水平对肉牛的繁殖力有直接或间接2种作用，直接作用可引起性细胞发育受阻和胚胎死亡等，间接作用通过影响生殖内分泌活动而影响生殖活动。饲料能量不足，不但影响幼龄母牛的正常生长发育，而且推迟性成熟和适配年龄。如果饲料中缺乏矿物质，尤其是磷，则会推迟性成熟。北方地区缺乏硒，易引起青年牛初情期推迟，成年母牛不发情、发情不规律。钙缺乏能导致骨质疏松、胎衣不下、产后瘫痪等。其他微量元素，如碘、钴、铜、锰等，也不可缺少。饲料中维生素A不足，容易造成母牛流产、死胎和弱胎，还常发生胎衣不下。母牛矿物质、维生素缺乏症见表5－1。

表5－1　母牛矿物质、维生素缺乏症

缺乏症	钙	磷	钠	镁	钾	硫	铁	锌	锰	铜	碘	钴	硒	维生素A	维生素D	维生素E
不孕		+						+	+	+	+	+	+	+	+	+
流产		+							+	+	+		+	+		+
胎衣不下	+							+		+	+		+	+		+
生长发育不良	+	+	+			+		+		+		+	+	+	+	+
产奶量下降	+	+	+	+	+	+			+		+	+			+	
消瘦（体况不良）												+		+		
被毛、皮肤异常								+		+		+		+		

续表

缺乏症	钙	磷	钠	镁	钾	硫	铁	锌	锰	铜	碘	钴	硒	维生素A	维生素D	维生素E
骨骼变形	+	+						+	+	+				+	+	
异食癖		+	+		+											
食欲减退		+	+	+	+			+				+			+	
下痢										+			+	+		
青草搐搦症				+												
贫血							+			+		+				
肌肉营养不良	+			+					+	+			+	+		
视力障碍或夜盲														+		
弱蹄（腐蹄病）								+		+						

3. 环境因素

在自然环境中，光照、温度的季节性发生变化，都具有一定的刺激作用，通过生殖分泌系统，引起生殖生理的反应，对繁殖力产生影响。母牛在炎热的夏季，配种受胎率降低。公牛由于气温升高，造成睾丸及附睾温度上升，影响正常的生殖能力和精液品质，也影响繁殖力。

（1）温度和湿度。我国的南北自然气候环境相差很大，对肉牛养殖的影响也会各有差别，但重点仍是以夏季防暑降温和冬季的防寒保暖为主。无论是高温还是低温主要会造成肉牛的饲料消耗增加，繁殖能力下降，抑制了母牛发情排卵功能，使受胎率下降，母牛的繁殖周期延长，饲养成本提高。

（2）气流。新鲜的空气是促进肉牛新陈代谢的必需条件，并可减少疾病的传播。气流对母牛生产和犊牛影响较大。

（3）尘埃、有害气体和噪声。牛的呼吸、排泄以及排泄物的腐化分解，不仅使舍内空气中的养分减少，二氧化碳增加，而且产生了氨气、硫化氢、甲烷等有害气体，对牛的健康和生产都有极其不利的影响。在敞篷、开放式、半开放式牛舍中，空气流动性大，所以牛舍中的空气成分与大气差异很小。而封闭式牛舍中，如设计不当或管理不善，会由于牛的呼吸、排泄物的腐败分解，使空气中的氨气、硫化氢、二氧化碳等增多，影响肉牛生产力。

舍外传入、舍内机械产生的种种噪声，还有牛自身产生的噪声，对牛的休息、采食、增重等环节都有不良影响。

（4）饲养密度。牛舍内头均面积要达到3.5米^{2}以上，活动场头均面积达到10～15米^2。

4. 冻精质量与输精技术的因素

精液品质不佳不仅影响母牛的受胎率，而且易造成母牛生殖疾患。输精技术水平的高低是影响繁殖率的重要因素。对发情母牛输精时间掌握不当，或对母牛早期妊娠诊断不及时、不准确，而失去复配机会，都会影响母牛受胎率的提高。

5. 疾病因素

生殖系统的疾病直接影响正常繁殖机能，如卵巢疾患导致不能排卵或排卵不正常，生殖道炎症直接影响精子与卵子的结合或结合后不发育。

第二节 提高母牛繁殖力的措施

一、加强母牛的饲养管理

1. 充分利用当地饲料资源合理配制母牛日粮

营养是影响母牛繁殖力的重要因素，因此，要依据不同的阶段，调整营养结构和饲料供给量。营养水平过高也可引起繁殖障碍，主要表现为性欲降低，交配困难。如果母牛过度肥胖，可引起胚胎死亡率增加，仔畜成活率降低。对初情期的牛，应注重蛋白质、维生素和矿物质营养的供应，以满足其性机能和机体发育的需要。青饲料供应对于非放牧的青年牛很重要，应尽可能给初情期前后的牛供应优质的青饲料或牧草。

利用当地农副产品时，应由专家对农副产品的营养价值和副作用进行分析指导，对加工副产品，还要了解其生产加工工艺。饲料中缺硒，影响母牛的妊娠率并易造成流产，处于严重缺硒的地区，无论是放牧或舍饲，都需另外补充一定量的微量元素硒。母牛饲料中的非蛋白氮含量过高会影响母牛的繁殖性能，在饲料中添加尿素时应控制好比例。

2. 保证饲料质量与安全

某些饲料本身存在对生殖有毒性作用的物质，如部分植物中存在植物雌激素，对母牛可引起卵泡囊肿、持续发情和流产等；棉籽饼中含有的棉酚会影响母牛受胎、胚胎发育和胎儿成活等。所以，在饲养中应尽量避免使用或少用这类饲料和牧草。

此外，饲料生产、加工和储存等过程中也可能产生对生殖有毒、有害的物质。如饲料生产过程中残留的某些除草剂和农药，饲料加工不当所引起的某些毒素（如亚硝酸钠）以及储藏过程中产生的毒素（如玉米腐败产生的黄曲霉毒素），淀粉厂生产的粉渣中含有硫化物，均对卵子和胚胎发育有不利影响。

3. 加强环境控制

肉牛业的生产效益不仅取决于牛的品种和科学的饲养管理，也取决于牛的饲养环境。牛舍的标准化设计和环境控制是目前我国养牛业向高层次发展的重要环节。就饲养环境影响来讲，最直接的就是冬季的温度控制和夏季的防暑降温问题。除控制好牛舍的温度外，还有牛舍的湿度、有害气体、饲养密度以及采光和风速、噪声与灰尘等。

（1）温度和湿度。肉牛抵抗高温的能力比较差，尤其是母牛，为了消除或缓和高温对牛的有害影响，必须做好牛舍的防暑降温工作。饲养肉牛适宜的温度范围为5～21℃，这虽然可以保证肉牛正常生长发育，但是为了促进肉牛快速生长，提高饲料报酬率，最适宜的温度最好控制在10～15℃。适宜湿度50%～70%，最好不要超过75%，可在牛舍内挂一个温湿度表来准确测定。

（2）气流。气流对母牛生产和犊牛影响较大，牛体周围气流风速应控制在0.3米/秒左右，最高不超过0.5米/秒；一般以饲养人员进入牛舍内感觉舍内空气流畅、舒适为宜。

（3）尘埃、有害气体和噪声。在封闭的牛舍内，保持空气中二氧化硫、二氧化碳、总悬浮物颗粒、吸入颗粒等各项指标符合空气环境质量良好等级，减少呼吸道病的发生，促进肉牛的生长和繁殖。牛舍中二氧化碳含量不超过0.25%，硫化氢不超过0.001%，氨气不超过0.0026毫克/升。一般要求牛舍的噪声水平白天不超过90分贝，夜间不超过50分贝。现代工厂化养牛应选用噪声小的机械设备或带有消声器。

4. 加强母牛日常管理

在管理上要保证繁殖牛群得到充足的运动和合理的日粮安排，加强妊娠母牛的管理，防止流产。改善牛舍的环境条件，保持空气流通。要注意母牛发情规律的记录。加强对流产母牛的检查和治疗。对于配种后的母牛，应及时检查受胎情况，以便做好补配和保胎工作。

5. 保持合理的牛群结构

基础母牛占牛群的比例，肉牛与乳肉兼用牛为40%～60%比较合理。过高的生产母牛比例往往使牛场后备牛减少，影响牛场的长远发展；但过低的生产母牛比例，又会影响牛场当时的生产水平，影响生产效益。

二、加强母牛的繁殖技术管理

1. 提高母牛受配率

（1）要确定合理的初配年龄，维持正常的初情期。

（2）做好母牛的发情观察。牛发情的持续时间短，约 18 小时，25% 的母牛发情征候不超过 8 小时，而下午到翌日清晨前发情的要比白天多，发情而爬跨的时间大部分（65%）在 18 时至翌日 6 时，特别集中在晚上 20 时到凌晨 3 时之间，爬跨活动最为频繁。约 80% 的母牛排卵在发情终止后 7 ~ 14 小时，20% 的母牛属早排卵或迟排卵。

（3）及时检查和治疗不发情母牛。充分利用超声诊断法、孕酮水平测定法、妊娠相关糖蛋白酶联免疫测定法、早孕因子诊断法等先进的早期妊娠诊断技术，及早发现空怀牛，及时进行配种。针对各种不孕症和子宫炎，制订科学的治疗方案，进行积极治疗。

2. 提高受胎率

（1）要掌握科学合理的饲养管理技术。

（2）注重提高公牛的精液质量。采取自然交配方式的场（户），要掌握种公牛的饲养管理技术。

（3）做到适时输精。牛的排卵一般发生在发情结束后 10 ~ 12 小时，卵子保持受精能力的时间为 12 ~ 18 小时，精子保持受精能力的时间是 28 ~ 50 小时，且精子在母牛生殖道内还需 4 ~ 6 小时获能后才能到达与卵子受精形成合子的输卵管壶腹部，综合以上几点，适宜的输精时间是在排卵前的 6 ~ 12 小时进行。在实际工作中输精在发情母牛安静接受他牛爬跨后 12 ~ 18 小时进行，清晨或上午发现发情，下午或晚上输精，下午或晚上发情的，第二天清晨或上午输精。

（4）要熟练掌握输精技术。采用直肠把握子宫颈输精法比开膣器输精法能提高受胎率10%以上，但操作技术的好坏对受胎率影响很大。在操作过程中要掌握技术要领，做到“适深、慢插、轻注、缓出，防止精液倒流”。人工输精的部位要准确，一般以子宫颈深部到子宫体为宜。在操作过程中要细心、认真，动作柔和，严防粗暴，损伤母牛生殖道。在输精过程中，良性刺激，母牛努责少，精液逆流减少，子宫吸引增加，有助于提高受胎率；恶性刺激则不利于提高受胎率。刺激的性质与输精的手段、输精时间长短有关。在输精时可进行阴蒂按摩，有助于受胎率提高，完成输精时间以1～3分钟为宜，超过3分钟受胎率下降。输精员在实施人工输精时要切实做好消毒卫生工作。防止人为地将大量细菌带入母牛的子宫内，引起繁殖障碍性疾病。

（5）要积极治疗子宫疾患，提高受胎率。

（6）学习了解一些提高受胎率的技巧。

①对患有隐性子宫内膜炎的母牛，在发情配种前或后几小时，向子宫内注入青霉素40万～100万单位，链霉素100万单位，可提高受胎率。

②肌内注射维生素。输精后15～20分钟，肌内注射维生素E500毫克，可明显提高情期受胎率。在输精的当天，输精后的第5～6天，肌内注射维生素A、维生素D、维生素E效果就更好。

③在母牛输精或交配后5～7分钟内，注射催产素100单位，可提高受胎率。

3. 降低胚胎死亡率

注重饲养管理，实行科学饲养，保证母体及胎儿的各种营养需要，避免营养不良或温度过高以及热应激等环境因素造成母体内分泌失调，体内生理环境的变化。不喂腐烂变质、有强烈刺激性气味、霜冻等料草和冰冷饮水。防止妊娠牛受惊吓、鞭打、滑跌、拥挤和过度运动，对有流产史的牛更要加强保护措施，必要时可服用安胎药或注射黄体酮保胎。

4. 提高犊牛成活率

要努力保证（大约 7 个月时间）犊牛不发生意外或疾病死亡。要对新生犊牛加强护理，如产犊时及时消毒、擦净犊牛口端黏液、卫生断脐、让其及时吃上初乳等。要注意母牛的饲养，保证有足够营养来生产牛奶供犊牛食用。此外，还要做好牛舍消毒工作，使犊牛不会食入不清洁的草料。冬季，产房要保暖，使犊牛不会遭受贼风吹袭。早食饲草对犊牛的健康生长有利，应在生后 2 周，就训练来食饲草。哺乳期如发现犊牛有病，要及时诊治，以免造成不应有的损失。

三、提高种公牛的繁殖机能

1. 成年种公牛的饲养

5 岁以上的种公牛已不再生长，为了保持种公牛的种用膘情（即中上等膘情）而不使其过肥，能量的需要以达到维持需要即可。当使用次数频繁时，应增加蛋白质的供给。磷对公牛是很重要的，如精料喂量少时必须补磷。维生素 A 是种公牛所必须和最重要的维生素，日粮中如果缺少，就会影响精子的形成，使精子数量减少，畸形精子数量增加，也会影响精液品质和精子活力及种公牛的性欲，在粗料品质不良时，必须补加。

种公牛的粗饲料应以优质干草为主，搭配禾本科牧草，而不用酒糟、秸秆、果渣及粉渣等粗料，青贮料虽属生理碱性饲料，但因含有较多的酸，对种公牛应限量，应控制在 10 千克以下，应和干草搭配饲喂，以干草为主。冬春季节可用胡萝卜补充维生素 A。要注意合理利用多汁饲料和秸秆饲喂种公牛。精饲料中的棉籽饼、菜籽饼有降低精液品质的作用，不宜做种公牛饲料，豆饼虽富含蛋白质，但它是生理酸性饲料，饲喂过多易在体内产生大量有机酸，对精子形成不利，因此应控制喂量。

采用本交或人工常温授精的种公牛，会有配种淡季和旺季的出现。在配种旺季到来前两个月就应加强饲养，因为精子从睾丸中形成及到达附睾尾准备射精要经过 8 周的成熟过程。在精子形成时饲养合理就可提高精子活力和受精率。肉用牛配种旺季一般都在春季或早夏，在配种旺季到来之前正处冬季，要使公牛在配种旺季达到良好的膘情，就应加强冬季的饲养。种公牛一般日喂 3 次，如有季节性配种，则淡季可改喂 2 次。

2. 成年种公牛的管理

运动对种公牛来说是一项重要的管理工作，适当的运动可加强种公牛的肌肉、韧带、骨骼的健康，防止肢蹄变形，保证牛举动活泼，性情温驯，性欲旺盛，精液品质优良，又可防止牛变肥。

对待公牛须严肃大胆，谨慎细心，从小就应养成听人指引和接近人的习惯，任何时候不能逗弄公牛，以免形成顶人恶习。饲喂公牛或牵引公牛运动或采精时，必须注意牛的表现，当公牛用前蹄刨地或用角擦地，就是准备角斗的行为，应防止出事。

在温带饲养的牛，其造精机能和精液特性随着季节的变化而变化。牛处在高温环境中对其造精机能的干扰是很大的。在盛夏公牛精液的受胎率低。如将公牛放在 30℃ 条件下，经数周后就会引起睾丸和阴囊皮温上升（据试验阴囊皮温和睾丸温度比体温高 3 ~4℃），这种高温的刺激常造成精子数目减少，畸形精子的增加，精子活力的下降，严重者根本没有精子。温度越高，持续时间越长，对精子伤害越大，因此，夏季通过遮阳、身上喷雾、水浴、吹风等措施给予降温非常重要。

3. 种公牛的合理利用

（1）合理利用种公牛是保持健康和延长使用年限的重要措施。成年公牛在冬春季节每周采精3～4次，或每周采精2次，每次射精2次。夏季一般只采1次，可提到早晨采精。通常在喂后2～3小时采精，最好每天早晚进行。种公牛一般5～6岁以后繁殖机能减退，3～4岁的种公牛的精液受胎率最高，以后每年以1%的比率下降。

（2）在进行人工辅助交配时，一头公牛每天只允许配1～2头母牛。连续4～5天后，休息1～2天。青年公牛配种量减半。不能与有病牛配。配前母牛先排尿，配后捏一下背腰，立即驱赶运动。

（3）在自然条件下，公、母牛混合放牧，直接交配时，为了保证受孕，公、母比例一般为：1：（20～30）；公牛要有选择，不适于种用的应去势；小牛和母牛要分开，防止早配；要注意公、母牛的血缘关系，防止近交衰退现象。

（4）在放牧配种季节，要调整好公母比例。当一个牛群中使用数头公牛配种时，青年公牛要与成年公牛分开。在一个大的牛群当中，以公牛年龄为基础所排出的次序会影响配种头数的多少。有较多后代的优势公牛不一定有着最高的性驱使能力，也不完全是牛群中个体最大、生长最快的公牛。因此在公牛放牧配种时，要进行轮换，特别对1岁公牛，每10～14天休息3～4天。

四、推广应用繁殖新技术

1. 提高母牛利用率的技术

目前母牛的发情、配种、妊娠、分娩、犊牛的断奶培育等各个环节都已有较为成熟的控制技术，如冷冻精液、人工授精、同期发情、超数排卵、冷冻胚胎、胚胎移植、诱发双胎、活体采卵、性别控制、诱导分娩等，都可以快速提高良种母牛的繁殖效率。

2. 母牛生殖机能检测技术

（1）卵巢活动的监测。外周血液中的孕酮水平会随着繁殖阶段而变化。可以通过检测体内孕酮水平的变化监测卵巢活动状况。

（2）卵巢、子宫状况的检测。腹腔内窥镜、超声波检查等。

3. 早期妊娠诊断技术

包括超声诊断法、孕酮水平测定法、妊娠相关糖蛋白酶联免疫测定法（PAG－ELISA）、早孕因子诊断法等。应用早期妊娠诊断技术可及早发现空怀牛，及时进行配种。

五、控制繁殖疾病

1. 调查牛群繁殖疾病现状

调查了解母牛群的饲养、管理、配种和自然环境等情况，然后查阅繁殖配种记录和病例，统计各项繁殖力指标，对母牛群的受配率、受胎率、产犊间隔、繁殖成活率等母牛繁殖现状进行调查分析，由此确定牛群中存在的繁殖疾病类型，找出牛群在繁殖方面需要解决的主要问题，通过分析其形成的原因，提出解决具体问题的思路。

2. 定期检查生殖机能状态

定期检查生殖机能状态包括不孕症检查、妊娠检查和定期进行健康与营养状况评分，并分阶段、有步骤地对病牛按患病类型进行逐头诊治。特别是大、中型牛场，对母牛定期进行繁殖健康检查是防治繁殖疾病行之有效的措施。

3. 加强技术培训

有些繁殖疾病常常是由于工作失误原因造成的。例如，不能及时发现发情母牛和空怀母牛，未予配种或未进行治疗处理，繁殖配种技术（排卵鉴定、妊娠检查、人工授精）不熟练，不能适时或正确操作人工授精技术；配种接产消毒不严、操作不慎，引起生殖器官疾病等，都是导致繁殖疾病的常见原因。

4. 实施牛群传染性繁殖疾病和繁殖疾病综合管理措施

严格控制传染性繁殖疾病，制订繁殖生产的管理目标和技术指标。例如，在规模化舍饲母牛繁育场，繁殖管理目标应包括：平均产犊间隔、繁殖疾病的发病率、情期受胎率、因繁殖疾病而淘汰的母牛占淘汰牛的比例、繁殖计划、繁殖记录、繁殖管理规范、繁殖技术操作规程等。

第三节　肉牛繁殖新技术

一、初情期的调控

1. 定义与意义

初情期的调控是指利用激素处理，使未性成熟的雌性动物卵巢发育和卵泡发育并能达到成熟的阶段。初情期的调控技术，主要应用于大动物的育种，以缩短优秀雌性的世代间隔。如牛的世代间隔可从原来的30个月缩短至15个月左右。其次，用于研究未性成熟动物卵巢活动情况、卵泡发育潜能、初情期前卵巢对促性腺激素的反应、卵子发育及受精的能力等。最后，就是在母牛方面适当提早配种。

2. 初情期调控的原理

雌性动物卵巢上卵泡的发育与退化，从出生到生殖能力丧失，从未停止。而初情期前卵泡不能发育至成熟，可能是下丘脑、垂体尚未发育成熟，下丘脑—垂体—性腺反馈轴尚未建立，但性腺已能对一定量的促性腺激素甚至促性腺激素释放激素产生反应，卵泡发育并至成熟阶段。只是此时动物的垂体未能分泌足够的 FSH 和 LH。因此，给予一定量的外源 FSH 和 LH 及其类似物，可达到调控性未成熟雌性动物初情期的目的。

3. 调控初情期的方法

诱发未成熟雌性发情和排卵的方法与诱发性成熟乏情雌性发情和超数排卵的方法类似，只是用药剂量减少至 30% ~70%。小母牛初情期和超数排卵的调控可采取以下 2 种方案。

（1）FSH 的处理方法。用纯品 FSH 5 ~7.5 毫克，按递减法分 3 天，上、下午各 1 次，共 6 次肌内注射（如 5 毫克 FSH，第 1 天 2.5 毫克，第 2 天 1.6 毫克，第 3 天 0.9 毫克）。

（2）PMSG 的处理方法。PMSG 的特点是半衰期长达 120 小时，用作性成熟雌性的诱发发情或超数排卵，可能会因作用时间太长而影响效果，而对性未成熟雌性如果仅作超排取卵子，则影响不大。一次肌内注射 800 ~1 500单位，4 天后卵泡可发育至成熟阶段，此时可取卵。但 PMSG 刺激雌性卵泡发育的效果不如 FSH 稳定。

二、诱发发情

1. 诱发发情的定义与意义

诱发发情是对因生理和病理原因不能正常发情的性成熟雌性，使用激素和采取一些管理措施，使之发情和排卵的技术。生理性乏情的雌性，如季节性发情动物在非繁殖季节无发情周期的情况，哺乳期乏情的各种动物，产后乏情，雌性动物达到初情期年龄后仍无发情周期等。

我国的黄牛和水牛很大比例还是采用传统的方法小规模饲养，天然放牧，自然哺乳，因此产后乏情期长。通过诱发发情处理，往往可使产后乏情期缩短数10天，可在一定程度上提高母牛的繁殖率，有一定实用价值。此外，牛和水牛，尤其是水牛，若相当数量的雌性达性成熟年龄后仍未出现发情周期，可能是长期营养低下，身体发育迟缓，卵巢发育缓慢造成的，如能使这部分母牛发情配种，可很大程度地提高群体的繁殖率。

2. 诱发发情方案

（1）孕激素处理方法。与孕激素同期发情处理方法相同，常处理9～12天。因这些生理乏情母牛的卵巢都是静止状态，无黄体存在。孕激素处理后，对垂体和下丘脑有一定的刺激作用，从而促进卵巢活动和卵泡发育。如在孕激素处理结束时，给予一定量的PMSG或FSH，效果会更明显。

（2）PMSG处理方法。乏情母牛卵巢上应无黄体存在，一定量的PMSG（750～1 500单位或每千克体重3～3.5单位）可促进卵泡发育和发情，10天内仍未发情的可再次如上法处理，剂量稍加大。该法处理简单，效果明显。

（3）GnRH处理方法。目前国产的GnRH类似物半衰期长，活性高，有促排卵2号（$LRH-A_2$）和促排卵3号（$LRH-A_3$），是经济有效的诱发发情的激素制剂。使用$LRH-A_3$时，肌内注射剂量为50～100微克，每日1次，每个疗程3～4天。一个疗程处理后10天仍未见发情的，可再次处理。

三、同期发情技术

同期发情不但用于周期性发情的母牛，而且也能使乏情状态的母牛出现性周期活动。例如卵巢静止的母牛经过孕激素处理后，很多表现发情；因持久黄体存在而长期不发情的母牛，用前列腺素处理后，由于黄体消散，生殖机能随之得以恢复。因此，可以提高繁殖率。用于母牛同期发情处理的药物种类很多，方法也有多种，但较适用的是孕激素阴道栓塞法以及前列腺素法。

1. 同期发情的概念和意义

同期发情又称同步发情，就是利用某些激素制剂人为地控制并调整一群母畜发情周期的进程，使之在预定时间内集中发情，集中配种。同期发情的关键是人为控制卵巢黄体寿命，同时终止黄体期，使牛群中经处理的牛只卵巢同时进入卵泡期，从而使之同时发情。同期发情的意义在于以下几点。

（1）有利于推广人工授精。人工授精往往由于牛群过于分散（农区）或交通不便（牧区）而受到限制。如果能在短时间内使牛群集中发情，就可以根据预定的日程巡回进行定期配种。

（2）便于组织生产。控制母牛同期发情，可使母牛配种妊娠、分娩及犊牛的培育在时间上相对集中，便于肉牛的成批生产，从而有效地进行饲养管理，节约劳动力和费用，对于工厂化养牛有很高的实用价值。

（3）可提高繁殖率。用同期发情技术处理乏情状态的母牛，能使之出现性周期活动，可提高牛群繁殖率。

（4）有利于胚胎移植。在进行鲜胚移植时同期发情是必不可少的，同期发情使胚胎的供体和受体处于同一生理状态，使移植后的胚胎仍处于相似的母体环境。

2. 同期发情的机理

母牛的发情周期，从卵巢的机能和形态变化方面可分为卵泡和黄体期 2 个阶段。卵泡期是在周期性黄体退化继而血液中孕酮水平显著下降后，卵巢中卵泡迅速生长发育，最后成熟并导致排卵的时期，这一时期一般是从周期第 18 ~ 21 天。卵泡期之后，卵泡破裂并发育成黄体，随即进入黄体期，这一时期一般从周期第 1 ~ 17 天。黄体期内，在黄体分泌的孕激素的作用下，卵泡发育成熟受到抑制，母畜不表现发情，在未受精的情况下，黄体维持15～17天即行退化，随后进入另一个卵泡期。

相对高的孕激素水平可抑制卵泡发育和发情，由此可见黄体期的结束是卵泡期到来的前提条件。因此，同期发情的关键就是控制黄体寿命，并同时终止黄体期。

现行的同期发情技术有2种：一种方法向母牛群同时施用孕激素，抑制卵泡的发育和母牛发情，经过一定时期同时停药，随之引起同期发情。这种方法，当在施药期内，如黄体发生退化，外源孕激素代替了内源孕激素（黄体分泌的孕激素），造成了人为黄体期，推迟了发情期的到来。另一种方法是利用前列腺素F_{2a}使黄体溶解，中断黄体期，从而提前进入卵泡期，使发情提前到来。

3. 母牛同期发情处理方案

用于母牛同期发情处理的药物种类很多，处理方案也有多种，但较适用的是孕激素阴道栓塞法和前列腺素法。

（1）孕激素阴道栓塞法。栓塞物可用泡沫塑料块或硅橡胶环，包含一定量的孕激素制剂。将栓塞物放在子宫颈外口处，其中激素即渗出。处理结束时，将其取出即可，或同时注射孕马血清促性腺激素。

孕激素的处理有短期（9～12天）和长期（16～18天）2种。长期处理后，发情同期率较高，但受胎率较低；短期处理后，发情同期率较低，而受胎率接近或相当于正常水平。如在短期处理开始时，肌内注射3～5毫克雌二醇（可使黄体提前消退和抑制新黄体形成）及50～250毫克的孕酮（阻止即将发生的排卵），这样就可提高发情同期化的程度。但由于使用了雌二醇，故投药后数日内母牛出现发情表现，但并非真正发情，故不要授精。使用硅橡胶环时，环内附有一胶囊，内装上述量的雌二醇和孕酮，以代替注射。

孕激素处理结束后，在第2~4天内大多数母牛的卵巢上有卵泡发育并排卵。

（2）前列腺素及其类似物处理法。前列腺素的投药方法有子宫注入（用输精器）和肌内注射2种，前者用药量少，效果明显，但注入时较为困难；后者虽操作容易，但用药量需适当增加。

前列腺素处理是溶解卵巢上的黄体，中断周期黄体发育，使牛同期发情。前列腺素处理法仅对卵巢上有功能性黄体的母牛起作用，只有当母牛在发情周期第5~18天（有功能黄体时期）才能产生发情反应。对于周期第5天以前的黄体，前列腺素并无溶解作用。因此，用前列腺素处理后，总有少数牛无反应，对于这些牛需做二次处理。有时为使一群母牛有最大程度的同期发情率，第1次处理后，表现发情的母牛不予配种，经10~12天后，再对全群牛进行第2次处理，这时所有的母牛均处于发情周期第5~18天之内。故第2次处理后母牛同期发情率显著提高。

用前列腺素处理后，一般第3~5天母牛出现发情，比孕激素处理晚1天。因为从投药到黄体消退需要将近1天时间。

（3）孕激素和前列腺素结合法。将孕激素短期处理与前列腺素处理结合起来，效果优于二者单独处理。即先用孕激素处理5~7天或9~10天，结束前1~2天注射前列腺素。

不论采用什么处理方式，处理结束时配合使用3~5毫克促卵泡素（FSH）、700~1 000单位孕马血清促性腺激素（PMSG）或50~100微克促排卵3号（$LRH-A_3$），可提高处理后的同期发情率和受胎率。

同期发情处理后，虽然大多数牛的卵泡正常发育和排卵，但不少牛无外部发情症状和性行为表现，或表现非常微弱，其原因可能是激素未达到平衡状态；第2次自然发情时，其外部症状，性行为和卵泡发育则趋于一致。尤其是单独 $PGF_{2\alpha}$ 处理，对那些本来卵巢静止的母牛，效果很差甚至无效。这种情况多发生在枯草季节、农忙时节及产后的一段时间，本地黄牛和水牛尤其是后者的可能性大。

四、超数排卵

超数排卵简称超排，就是在母畜发情周期的适当时间注射促性腺激素，使卵巢比自然状况下有更多的卵泡发育并排卵。

1. 超排的意义

（1）诱发产双胎。牛 1 个情期一般只有 1 个卵泡发育成熟并排卵，授精后只产 1 犊。进行超排处理，可诱发多个卵泡发育，增加受胎比例，提高繁殖率。

（2）胚胎移植的重要环节。只有能够得到足量的胚胎才能充分发挥胚胎移植的实际作用，提高应用效果。所以，对供体母畜进行超排处理已成为胚胎移植技术程序中不可或缺的一个环节。

2. 超排方案

用于超排的药物大体可分为 2 类：一类促进卵泡生长发育，另一类促进排卵。前者主要有孕马血清促性腺激素和促卵泡素；后者主要有人绒毛膜促性腺激素和促黄体素。超数排卵的方案目前主要选用以下几种。

（1）使用促卵泡素（FSH）进行超排。需在牛发情周期的 9～13 天的任意一天开始注射 FSH。以后以递减剂量的方式连续肌内注射 4 天，2 次/天，每次间隔 12 小时，总剂量需按牛的体重做适当调整。在第 1 次注射 FSH 后的 48～60 小时之内，肌内注射 1 次 $PGF_{2\alpha}$ 2～4 毫升。也可采用子宫灌注的方法，剂量减半。

（2）使用孕马血清促性腺激素（PMSG）进行超排。需在发情周期的 11～13 天的任意一天肌内注射 1 次即可。在注射 PMSG 后 48～60 小时后，肌内注射 1 次 $PGF_{2\alpha}$2～4 毫升。当母牛出现发情后 12 小时再肌内注射抗 PMSG，剂量以能中和 PMSG 的活性为准。

（3）采用 CIDR 和 FSH 联合超排。CIDR（孕酮阴道硅胶栓）是促动物发情的药物。具体用法是：在母牛的阴道内插入阴道栓，并在埋栓的第 9 天开始注射 FSH，共 4 天；第 11～12 天撤栓；在撤栓前约 24 小时内注射前列腺素，并观察发情表现，输精 2 次。

（4）采用 FSH + PVP + $PGF_{2\alpha}$ 联合用药法。在牛发情 9～13 天 1 次肌内注射 FSH－R（30 毫克 FSH 溶解在 10 毫升 30% 的 PVP 中），隔 48 小时后肌内注射 $PGF_{2\alpha}$，再经过 48 小时后人工授精。由于 PVP 是大分子聚合物（相对分子质量为 40 000～700 000），用 PVP 作为 FSH 的载体，和 FSH 混合注射，可使 FSH 缓慢释放，从而延长 FSH 的作用时间，一次性注射 FSH 即可达到超排的目的。研究表明，FSH 制剂用 PVP 溶解进行一次注射超排时，其在母牛体内的半衰期可延长到大约 3 天，而溶解在盐水中进行一次注射超排时，其半衰期仅为 5 小时左右。用此法不但可延长 FSH 的半衰期，增加 FSH 的作用效果，而且一次注射还可有效避免母牛产生应激反应，是较理想的超排方法，只是该方法目前还不太成熟。

五、诱导双胎技术

1. 母牛扩繁的市场需求

目前我国肉牛产业发展的瓶颈是繁殖母牛存栏不足。繁殖母牛数量急剧下降已经成为我国肉牛业可持续发展的最大障碍，必须尽快对其进行研究进而遏制，并较快恢复，否则我国肉牛产业的可持续发展道路将会遇到牛源短缺的尴尬局面。当前，充分利用有限繁殖母牛进行肉牛繁殖的新型繁育技术对肉牛产业发展非常重要。

肉牛的一胎双犊自然发生率因牛品种不同而异，西门塔尔牛为5.2%，夏洛来牛为6.6%，我国黄牛为0.5%～3.0%，牛一胎双犊的遗传力很低，目前通过选种以提高双胎率的尝试尚未取得突破，诱导双胎技术还处在试验阶段。诱导一胎双犊的方式主要为激素方法或人工授精后胚胎移植方法。激素法指应用一定剂量的孕马血清（PMSG）、氯前列烯醇、促卵泡素（FSH）、人绒毛膜促性素激素（HCG）、促性腺激素释放激素类似物（LRH－A_3）等，通过不同的组合和程序，诱导母牛产生双卵同时排放，经人工授精或本交而生成双胎。

2. 肉牛双胎生产技术应用的可行性

（1）母牛生理特征有利于进行双胎生产。母牛在自然状态下为单胎生殖，但其具有双卵巢和双子宫角。双卵巢和双子宫角在生殖方面具有相同的功能。这一繁殖特性为人工辅助技术进行双胎生产奠定了良好的生理基础。

（2）双胎牛后代的生长发育正常，适于实施肉牛扩繁。自然双胎和人工辅助双胎犊牛的初生重比单胎牛小，通过哺乳期和青年期培育，商品化阶段体重与单胎牛基本一致，差异不显著。一胎双犊的出生重、1月龄重、3月龄重与单胎犊牛相比，均显著或极显著的低于后者，但6月龄重两者无差异。6月龄时单犊与双犊体重无明显差异，可能是因为3月龄后犊牛对饲草饲料等的消化功能增强、采食量增加，日增重快速增长。

（3）双胎生产的理论和技术有一定基础，实施前景良好。双胎生产的理论基础是生殖激素调控技术、人工授精技术、超数排卵技术、胚胎移植技术和性别控制技术，通过这些成熟技术的组装配套可达到人工辅助双胎生产的目的。

3. 诱导双胎的方法

（1）遗传选择法。肉牛的双胎性状可由其基因型决定，因而双胎性状是可以遗传的，但母牛双胎的遗传力很低。因此，积极引进携带双胎基因的肉牛品种用于育种和改良整体牛群，通过杂交、后裔测定、分子遗传标记等方法和手段，确定该性状的遗传模式，并分离、固定、转移双胎基因，改变肉牛繁殖性能，具有十分重要的现实意义和巨大的潜在经济效益。

（2）促性腺激素法。应用外源促性腺激素诱发母牛卵巢的多个卵泡发育并排出具有受精能力的卵子，这种方法称为超数排卵。超数排卵的效果受肉牛遗传特性、体况、营养、年龄、发情周期的阶段、产后时期的长短、卵巢功能、季节以及激素制品的质量和用量等多种因素的影响。肉牛超数排卵常用的激素有孕马血清促性腺激素（PMSG）、促卵泡素（FSH）等。一般在发情周期的第12～13天注射PMSG。PMSG处理可与同期发情处理结合，达到提高双胎率的目的。如使用FSH，一般采用递减法，连续注射3～4天，上、下午各1次皮下或肌内注射，如使用孕激素阴道栓同期发情处理，可在撤栓的前2天开始注射，连续3～4天，FSH总量不变。

（3）生殖激素免疫法。生殖免疫是现代高新生物工程技术，是在免疫学、生物化学、内分泌学等学科基础上兴起的技术。生殖免疫的基本原理是以生殖激素作为抗原对动物进行主动或被动免疫，中和其体内相应的激素，可使其体内某些激素的水平发生改变，从而引起生殖内分泌的动态平衡发生定向移动，引起母牛的各种生理变化，达到人为控制生殖的目的。在人工诱导母牛双胎的生产中，经常使用促性腺激素、甾体激素和抑制素作为免疫原。

①甾体激素免疫法：将小相对分子质量的甾体激素与大分子蛋白质结合成有抗原性的甾体蛋白复合物，在结合免疫佐剂主动或被动免疫动物。目前，常用的抗原主要有睾酮、雄烯二酮和雌激素、孕激素等。睾酮较常用，而且效果明显。

②抑制素免疫法：抑制素是由 α、β 2 个亚单位（又称亚基）构成的异二聚体蛋白，β 亚基又分 A、B 2 种，不同种属动物抑制素结构极为相近具有很强的同源性。抑制素是反馈性抑制垂体 FSH 分泌的主要因素。用各种来源的抑制素免疫原主动或被动免疫母牛均可使体内 FSH 水平升高，增加排卵率。

（4）胚胎移植法。利用胚胎移植技术向已输精母牛黄体同侧或对侧追加 1 枚同日龄胚胎，或向发情母牛两侧子宫角各移 1 枚或向一侧移 2 枚同期化胚胎，使母牛怀双胎。

4. 肉牛双胎生产集成技术应用展望及需注意的问题

双胎生产是对肉牛繁育体系的补充，也是突破繁殖母牛数量瓶颈的有效手段。肉牛双胎生产受胎率可达 30% ~45%，是自然双胎的 50 倍，相当于将适于实施单胎生产母牛的数量提高了 30% ~45%，可有效提高母牛繁殖率。

若每头母牛用药成本控制在 200 元，按 30% 的双胎率，双胎生产成本可以控制在 500 ~ 1 000元，断奶犊牛市场售价可达 5 000 ~8 000 元/头。

肉牛双胎繁育技术的成熟及推广应用将是当代肉牛产业转型过程中的新亮点。本方法对操作技术要求高，是一种高技术、高投入、高效益的肉牛繁育技术，在生产中可以规模化推广应用的技术。

由于肉用犊牛的价格已经很高，实施肉牛双胎生产的时机、条件已经成熟。但牛的双胎性属于阈性状，受很多因素的影响，只有适宜的环境条件下才能表现为双胎的表型；另外，双胎生产过程对繁殖母牛的生殖机能进行了干预，容易出现子宫感染、多胎综合征、卵巢囊肿和黄体囊肿、流产、早产、犊牛成活率低等情况。存在的这些问题需以集成配套技术手段解决，且在推广应用前选择在有条件的规模养殖场试验示范，完善相关技术操作规程后再在生产中应用。

六、胚胎移植

（一）胚胎移植的意义

选用良种母牛通过激素的处理，使其卵巢上有多个卵泡生成（也既是进行超数排卵），再用优秀的种公牛精液进行人工授精，然后将受精后的早期胚胎从子宫里取出，分别移植到多头生理状态相同的仅有一般生产性能的母牛子宫内让其怀孕，最后产出多头优良后代，这就是通常所说的“借腹怀胎”。

牛是单胎动物，自然状态下1胎只能产1犊，若按照牛繁殖年龄10岁计算，其一生最多只能留下7~8个后代，而利用胚胎移植技术可以克服自然条件下动物繁殖周期和繁殖效率的限制，其繁殖后代的速度是自然状态下的十几倍甚至几十倍，从而快速增加良种牛的数量。胚胎移植技术在生产上的意义主要有以下3个方面：一是能充分发挥良种母牛的繁殖潜力。二是可以加快牛群质量的改良，加速良种牛数量的增长。在生产上能够较快、较多地获得优良后代。三是缩短种公牛选育时间。

（二）胚胎移植的生理基础

1. 胚胎移植的生理基础

（1）母牛发情后生殖器官的孕向发育。牛发情后，卵巢处于黄体期，无论卵子是否受精，母牛生殖系统均处于卵子受精后的生理状态之下，为妊娠做准备，即母牛生殖器官孕向发育。母牛生殖器官的孕向发育使不配种的受体母牛可以接受胚胎，并为胚胎发育提供各种主要生理学条件。

（2）早期胚胎的游离状态。胚胎在发育早期有相当一段时间（附植之前）是独立存在的，未和子宫建立实质性联系，在离开母体后能短时间存活。当放回与供体相同的环境中，即可继续发育。

（3）胚胎移植不存在免疫问题。一般在同一物种之内，受体母畜的生殖道（子宫和输卵管）对于具有外来抗原物质的胚胎和胎膜组织并没有免疫排拆现象，这一点对胚胎由一个体移植给另一个体后的继续发育极为有利。

（4）受体不影响胚胎的遗传基础。虽然移植的胚胎和受体子宫内膜会建立生理上和组织上的联系，从而保证了以后的正常发育，但受体并不会对胚胎产生遗传上的影响，不会影响胚胎固有的优良性状。

2. 胚胎移植的操作原则

（1）胚胎移植前后所处环境要保持一致，即胚胎移植后的生活环境和胚胎的发育阶段相适应，包括生理和解剖位置。

（2）胚胎收集期限。胚胎收集和移植的期限（胚胎的日龄）不能超过周期黄体的寿命。最迟要在周期黄体退化之前数日进行移植。通常是在供体发情配种后 3 ~ 8 天内收集和移植胚胎。

（3）在全部操作过程中，胚胎不应受到任何不良因素（物理、化学、微生物）的影响而危及生命力。移植的胚胎必须经鉴定并认为是发育正常者。

（三）胚胎移植的基本程序

胚胎移植的基本程序包括供体超排与配种、受体同期发情处理、采胚、检胚和移植。关于超排和同期发情处理前面已提到，下面只介绍采胚、检胚和移植。

1. 采胚

胚胎的收集是利用冲胚液将胚胎由生殖道中冲出，并收集在器皿中。由供体收集胚胎的方法有手术法和非手术法2种。目前牛一般用非手术法。

冲胚一般在输精后6～7天进行，采用二路式导管冲胚管。它是由带气囊的导管与单路管组成，导管中一路用于气囊充气，另一路用于注入和回收冲卵液。受精卵在输卵管中下降示意图见图5-1，冲胚装置见图5-2，冲胚现场见图5-3。冲胚程序如下。

①洗净外阴部并用酒精消毒。用扩张棒扩张子宫颈，用黏液抽吸棒抽吸子宫颈黏液。

②用2%普鲁卡因或利多卡因5毫升，在荐椎与第一尾椎结合处或第一尾椎与第二尾椎结合处施行硬膜外腔麻醉，以防止子宫蠕动及母牛努责不安。

③通过直肠把握法，把带钢芯的冲胚管慢慢插入子宫角，当冲胚管到达子宫角大弯处，由助手抽出钢芯5厘米左右，继续把冲胚管向前推。当钢芯再次到达大弯处时，再把钢芯向外拔5～10厘米，继续向里推进冲胚管，直到冲胚管的前端到达子宫角前1/3处为止。

④从充气管向气囊充气，使气囊胀起堵着子宫角，以防止冲胚液倒流，固定后抽出钢芯，然后向子宫角注入冲胚液，每次20～50毫升，冲洗5～6次，并将冲胚液收集在带漏网的集卵杯内。为充分回收冲胚液，在最后一两次时可在直肠内轻轻按摩子宫角。最后一次注入冲胚液的同时注入适量空气有利于液体排空。

⑤两侧子宫冲完后，将气球内的空气放掉，把冲卵管抽回至子宫体，直接从冲卵管灌注稀释好的抗生素和前列腺素，再拔出冲胚管。

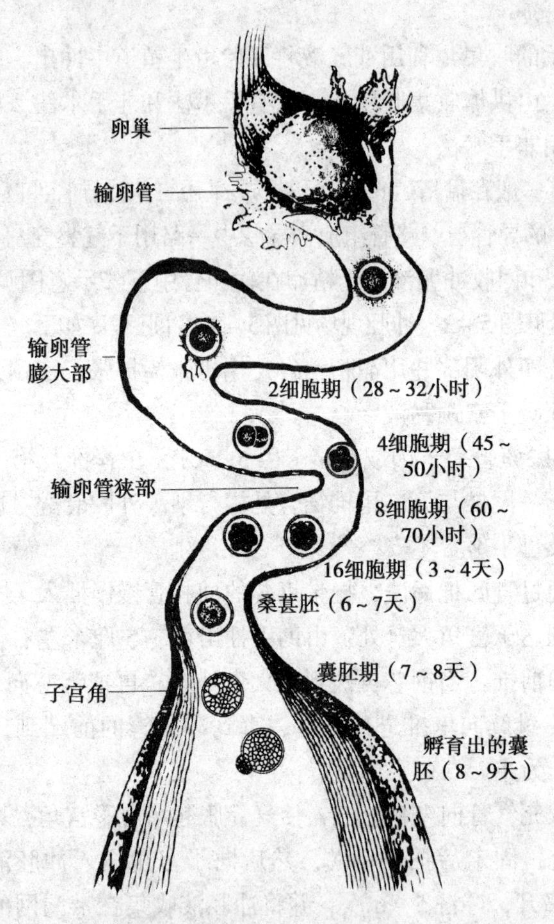

图5－1 受精卵在输卵管中下降示意图（魏成斌 制图）

2. 检胚

（1）检卵。将收集的冲卵液于37℃温箱内静置10～15分钟。胚胎沉底后，移去上层液。取底部少量液体移至平皿内，静置后，在实体显微镜下先在低倍（10～20倍）检查胚胎数量，然后在高倍（50～100倍）镜下观察胚胎质量。

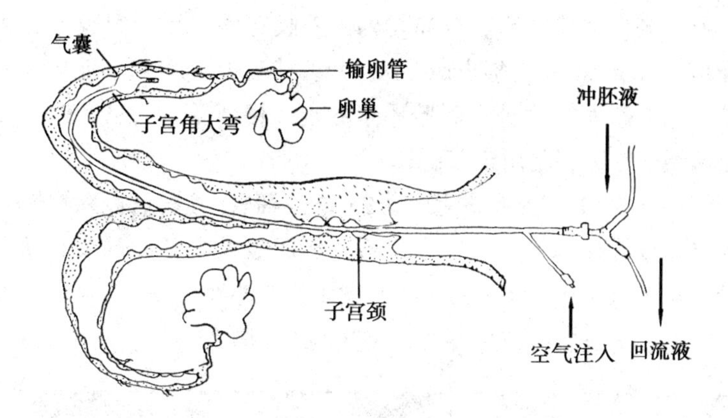

图 5－2　冲胚示意图（魏成斌　制图）

图 5－3　冲胚现场（徐照学　供图）

（2）吸胚。吸胚是为了移取、清洗、处理胚胎，要求目标正确、速度快、带液量少、无丢失。吸胚可用 1 毫升的注射器装上特别的吸头进行，也可使用自制的吸胚管。

（3）胚胎质量鉴定。正常发育的胚胎，其中细胞（卵裂球外形整齐，大小一致，分布均匀，外膜完整。无卵裂现象（未受精）和异常卵（透明带破裂、卵裂球破裂等）都不能用于移植。用形态学方法进行胚胎质量鉴定，将胚胎分为A、B、C 3个等级，A级胚胎用于移植。

（4）装管。胚胎管使用0.25毫升细管。进行鲜胚移植时，先吸入少许培养液，吸1个气泡，然后吸入含胚胎的少许培养液，再吸入1个气泡，最后再吸取少许培养液。

胚胎需进行冷冻保存时，装管模式见图5－4。

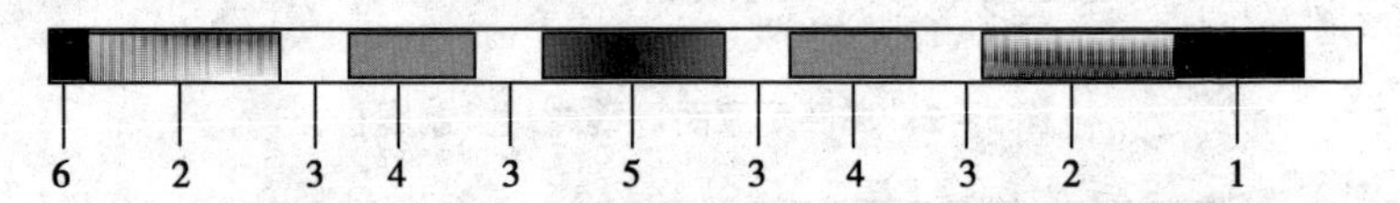

说明：1. 棉栓　2. 解冻液　3. 空气　4. 冷冻液　5. 含有胚胎的冷冻液　6. 封口

图5－4　冷冻胚胎装管模式（施巧婷　制图）

3. 移植胚胎

移植胚胎一般在受体母牛发情后第6～7天进行。移植前需进行麻醉，通常用2%普鲁卡因或利多卡因5毫升，在荐椎与第一尾椎结合处或第一尾椎与第二尾椎结合处施行硬膜外腔麻醉。将装有胚胎的吸管装入移植枪内，用直肠把握法通过子宫颈插入子宫角深部，注入胚胎。应将胚胎移植到有黄体一侧子宫角的上1/3～1/2处，如有可能则越深越好。非手术移植要严格遵守无菌操作规程，以防生殖道感染。移植胚胎现场见图5－5，移植胚胎示意图见图5－6。

牛用非手术移植。非手术移植一般在发情后第6～9天（即胚泡阶段）进行，采用胚胎移植枪和0.25毫升细管移植的效果较好。先吸入少许培养液，吸1个气泡，然后吸入含胚胎的少许培养液，再吸入1个气泡，最后再吸取少许培养液。将装有胚胎的吸管装入移植枪内，用直肠把握法通过子宫颈插入子宫角深部，注入胚胎。

图5－5　移植胚胎现场（王二耀　供图）

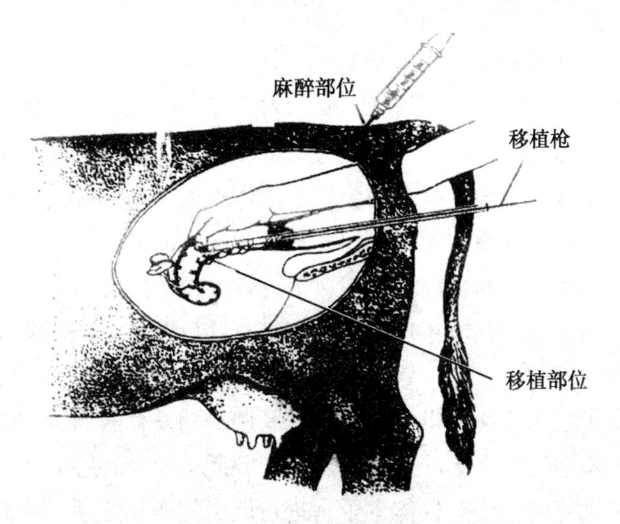

图5－6　移植胚胎示意图（魏成斌　制图）

（四）胚胎的安全生产与防疫

1. 牛体内胚胎生产的全程质量控制

（1）建立严格的技术管理体系。

①制订严格的规章制度和操作规程。严格的技术管理是质量控制分析的基础，必须制订切实可行的供体饲养管理制度、卫生防疫制度、实验室规章制度、各类人员岗位责任制度、技术档案资料管理制度及胚胎移植技术操作规程，胚胎生产中应严格执行各种规章制度和操作规程。

②要有完整的系谱原始记录和生产性能统计分析资料。质量控制的重要信息来自对记录的研究和分析。记录不必很复杂，但必须完整。对于所使用的药品和化学试剂必须记录下生产厂家、规格、批号、生产日期，因为许多产品（如 FSH、石蜡油）不同批次之间的性能和毒性变化很大。对于人工授精、发情鉴定、胚胎评定这样的程序，由于个人的主观性和技术水平差异很大，还应把操作人员记录下来。

（2）供体牛的选择和处理。

①供体牛的选择：供体牛必须符合本品种标准，并进行生产性能测定和遗传评定，达到一级标准，且三代系谱清楚。保证受体的健康状况是质量控制的关键。供体牛来自非疫区，健康状况符合家畜胚胎移植技术规程的要求。所选择的供体牛必须无如下疾病：结核病、布鲁氏杆菌病、地方性牛白血病、牛病毒性或黏膜性疾病。同时还应免疫过牛鼻气管炎、口蹄疫、钩端螺旋体等传染性疾病。

②子宫的净化：供体牛子宫是胚胎早期发育的场所，如果有炎症，不但影响胚胎的发育，还会使胚胎早期受到感染，造成传染病的垂直传播。对供体牛子宫进行严格的净化处理，对提高胚胎的数量和质量及其移植效果是非常重要的。

③供体牛的饲养管理：供体牛的繁殖状况可以在适当的时候通过触摸卵巢和研究发情间隔来判定。当管理或气候条件不是很理想的时候，要定期检测牛奶或血液中的孕激素浓度，这样可以知道各种应激因素对发情效率的影响，同时也可获取孕激素的正常变化曲线，为适时地进行超排提供依据。

对供体牛进行定期称重可以获得较好的营养方面的质量控制信息。应根据不同的营养状况对供体牛进行营养调控，膘情较差者提前补饲，增强机体机能，肥胖者要适当减料使之掉膘，以达到繁殖最佳状况，但都需供给充足的青绿饲料，并补充维生素A、维生素D、维生素E及亚硒酸钠，以保证胚胎的质量。

④同期发情处理：当用海绵阴道栓（CIDR）进行同期发情处理时，应无菌操作，谨防阴道感染。埋植阴道栓时先将外阴洗净消毒，用酒精棉球擦干。阴道栓埋植前用高锰酸钾水蘸湿后，再均匀裹上一层土霉素。埋植后要定时检查，如有脱落的，用酒精棉球擦净（不能用水洗），再裹上土霉素后埋上。

⑤超排处理：超排药品的使用剂量要准确，当用量过大时，不但影响胚胎生产的数量，还会影响胚胎的质量。

⑥配种：精液本身的质量控制由生产精液的单位负责，在胚胎生产过程中对精液的质量控制主要是精液的运输和储存条件以及精液的解冻方面。如果使用的冻精是颗粒而不是细管，还须防止液氮中有毒杂质对精子的损害。

在进行人工授精时，除严格遵守无菌操作规程外，还要注意所用精液的生物安全性，如果精液受污染，一是影响胚胎的形成和发育，二是造成疾病的传播。无论是精液本身已污染还是输精时受到污染，都会影响胚胎的形成和发育。

（3）冲胚准备。

①器具灭菌：用于冲胚、检胚、移胚整个过程中的所有仪器

都必须用各自适宜的灭菌方法进行灭菌。对于耐高温而不宜直接接触蒸汽的金属、玻璃仪器，如冲胚管钢芯、扩张棒、移植枪、配种枪、巴斯德氏吸管等玻璃制品以及各种金属器具进行干烤灭菌；对于金属器具以及橡胶、玻璃等允许和蒸汽接触的器械进行高压蒸汽灭菌，石蜡油、吸水纸及熔点在125℃以上的塑料制器皿(如离心管、吸头、小型过滤器）也可用此法灭菌；对于不宜加热的器具，如冲胚管、塑料培养皿、集卵杯、塑料吸管、移植器塑料外套及套膜等须进行气体灭菌；而紫外线灭菌主要用于实验室、冲胚室等场所的空气灭菌，也可用于一些塑料制品的灭菌，例如在无条件使用气体灭菌时，对冲胚管、集卵杯、塑料吸管、移植器塑料外套及套膜等可以使用紫外线灭菌。对器具无菌状态的检查，可用培养液清洗并对清洗液进行培养来确定其无菌性。

②溶液的配制与处理：对配制的溶液至少要检查 pH 值和渗透压，一定程度上的 pH 值异常表明有些东西是错误的，因为 pH 值并不是杀死胚胎的主要因素，因此，不能靠调整 pH 值来解决问题，如果怀疑溶液有问题，应弃之不用。在配制大批量的溶液时，有条件的实验室可通过培养 2 – 细胞的小鼠胚胎来检查其毒性。

对冲胚液、Tris 液的灭菌应使用高压蒸汽法，而血清、BSA、胰酶、透明质酸酶等在高温下容易变性或者分解，不能进行高压蒸汽灭菌，需用 0.22 微米的滤膜进行过滤灭菌。对需要保存一段时间的溶液，应添加适量抗生素。为防止污染和变质，应把溶液分装成各自的最小使用量，进行冷藏（4℃）或冷冻（–20℃以下）保存，一经解冻的溶液不要再重复冻存。

（4）冲胚。

① 确保器具的无毒性：与胚胎接触的任何东西不但要无菌，还应无毒。与胚胎接触的大部分物品的毒性可用不同的方法进行

处理。如果存在有毒的渣滓，在使用前用无菌的冲胚液或0.9%的生理盐水清洗。注射器、冲胚管、细菌过滤器、各种橡胶管和细管经常存在毒性，在使用前都应该清洗。还应注意消毒时残留的消毒液所带来的毒性。

②供体牛的清洁消毒：牛体粪便较多，污染有大量的细菌和病毒，在冲胚前要进行清洁和消毒，尤其是外阴部，应用浸透消毒肥皂液的毛巾擦拭，最后用酒精消毒，再插入冲胚管。对供体牛的保定和麻醉要确实有效，防止牛体在操作中乱动造成尘埃飞散和器具的污染，如果麻醉不完全，频繁排粪会严重污染冲胚管。

③冲胚过程中应采取的生物安全措施：整个冲胚过程中，保定牛、剪毛麻醉、清洁消毒外阴部、辅助插管、打气等属于有菌操作，而准备扩张棒、黏液抽吸棒、冲胚管、注射器以及吸冲胚液、灌注冲胚液等过程属于无菌操作，应严格区分开，分别由不同的人员进行操作。

在扩张子宫颈和抽吸黏液时，所使用的子宫颈扩张棒和黏液抽吸棒须套上塑料外套。在插入扩张棒、黏液抽吸棒、冲胚管时，由助手扒开外阴部，术者将扩张棒等插入膣内，注意不要碰到外阴部，以防将膣前庭部的微生物带入子宫。

在连接冲胚装置的各个接口时，操作人员要先用消毒肥皂液洗净双手，然后用酒精棉球消毒后再开始操作。在冲胚过程中，用无菌铝箔盖住瓶口与吸液管之间的空隙，以防止空气污染冲胚液。

（5）检胚和冻胚。

①实验室人员应具有很强的无菌操作意识：虽然对冲胚室、冲胚器具、供体牛进行过灭菌和消毒，但如果实验室人员不能严格进行无菌操作，仍然会造成污染，因此，实验室人员培养无菌

操作意识是十分必要的，应严格按照操作规程进行无菌操作。保持实验室内无菌环境，在操作中，凡是与手、身体的一部分或实验台接触过、有可能被污染的器具或不能确认是否经过灭菌处理的器具药品以及不能确认有效期的药品都不要用。

采卵结束后，迅速将集卵杯通过小窗口转移到实验室，由专门的人员进行实验室无菌操作。检胚所使用的巴斯德氏吸管要事先进行灭菌处理，在使用之余，要随时把吸管放入灭菌的试管内。把胚胎保存液、冷冻液分注到四孔板中时，要把瓶口放在酒精灯火焰上进行灭菌。

②胚胎的清洗：在胚胎装管移植或冷冻以前，要清洗 10 次，以预防微生物的污染。清洗胚胎时，可先吸些培养液吹向卵的周围，使卵在液滴翻腾以清除卵周围粘连物，每次冲洗后，需换一支新的吸胚管将胚胎移到另一个培养液滴内。透明带完整的受精卵经过 10 次洗净操作，可除去污染的微生物。但某些病原体可与透明带结合得非常牢固，冲洗也去不掉，这种情况可通过用胰酶处理而除去。先用不含 Ca^{2+} 和 Mg^{2+} 而含 0.4% 牛血清白蛋白的 PBS 缓冲液清洗 5 次，然后用 0.25% 的胰酶处理 2 次，共 60～90 秒，最后再用 20% 血清的 PBS 清洗 5 次。

③胚胎的质量鉴定：胚胎的质量鉴定内容包括胚胎来源、级别、种用价值、优劣及安全性评估。目前，胚胎质量最常用的评估方法为形态观察，评价标准分为 2 个方面，一方面是胚胎的形态，另一方面是胚胎的发育阶段与授精的时间。胚胎形态标准包括胚胎的形状、细胞质的颜色、细胞数量和紧缩程度、卵周隙的大小、受挤压或退化细胞数等。在授精后一定的时间内，胚胎的实际发育阶段和应该发育到的阶段吻合与否，是鉴定胚胎活力的更可靠的形态学标准。

（6）动物福利方面的考虑。在操作过程中，要考虑供体牛和受体牛的生理需要，以及生理紧张对胚胎生产造成的影响。生理紧张（包括恐惧）造成的原因有运输、视觉隔离、陌生人出现和保定处理等。生理紧张可引起促肾上腺皮质激素（ACTH）的分泌，从而使血浆皮质醇浓度增加，可延迟、减少或抑制发情表现，降低雌二醇的浓度，进而使排卵数降低。任何激活 ACTH 反应的激素，包括子宫和乳腺内高水平的内毒素，都能抑制排卵前促黄体素（LH）的生成释放。所以，要求在胚胎生产操作过程中，保定牛只要适度，保持牛只安静，无厌恶行为。

供体牛的恐惧可通过以下方法减弱或消除：超数排卵处理前使供体牛经常与操作人员和所用器具等接触，在胚胎收集过程中尽量减少参与人员，并保证它能看到其他牛，操作过程在牛熟悉的房间或地方进行。这样能保证牛的安静，获得高质量的胚胎。减弱或消除受体牛的生理紧张，即可使移植顺利，又可提高受胎率。

2. 体外生产胚胎的质量控制

体外生产胚胎即通过屠宰场收集卵巢取卵或通过活体采卵，再利用体外受精技术获得胚胎的过程。体外生产的胚胎从形态和生理上与体内获得的胚胎有一定的差别，如体外受精胚胎紧密性差，细胞数目较少。胚胎的透明带比体内自然生产的胚胎透明带脆弱，因而其抵抗外界病原侵入的能力较差。另外，体外受精过程中，卵子、精子、胚胎以及保存、培养用液与病原体接触的机会比体内胚胎大得多，所以体外生产胚胎的质量控制就更为重要。

（1）卵母细胞来源及质量控制。利用体外受精技术生产胚胎，卵母细胞来源有屠宰场卵巢取卵和活体采卵。从屠宰场卵巢获得的卵母细胞，往往存在供体系谱、健康状况记录不全或未知，生产的胚胎应该禁止进行贸易交流。如果采用屠宰场的卵巢取卵生产胚胎，应遵循以下几点原则。

① 为了根除和控制疾病，有结核、布病、传染性鼻炎病史的母牛不能做供体。

②屠宰场应在兽医检疫部门监控之下，包括生前和宰后的检查。

③收集卵巢的实验人员在屠宰场必须遵守有关的卫生规则。

④卵巢及其他组织必须在无菌条件下运输。

⑤在确保卵巢及其供体无问题时，才可进入体外受精实验室，采卵及以后操作均在无菌间或超净工作台进行。

⑥做好采卵及实验室内一系列工作的记录。

通过活体采取卵母细胞时，要做好供体牛的清洁消毒工作，尤其是外阴部，应用浸透消毒肥皂液的毛巾擦拭，最后用酒精消毒，再插入持针器及采卵针。对供体牛的保定和麻醉要确实有效，防止牛在操作中乱动造成尘埃飞散和器具的污染，如果麻醉不完全，频繁排粪会严重污染持针器及采卵针。在插入持针器时，由助手扒开外阴部，术者将持针器插入膣内，注意不要碰到外阴部，以防将膣前庭部的微生物带入子宫。在采卵过程中应尽量减少针刺对卵巢的损伤，避免污染，以提高母牛的连续活体采卵次数和利用率。真空泵抽吸负压不能太大，以免裸卵过多，一般在 100 毫米汞柱左右。

（2）精子质量控制。在精液的提纯和获能过程中避免对精液造成损害和污染。体外受精过程中，在精子使用之前，常常去除精浆，并进行洗涤以促进其运动能力和受精能力。在应用抗生素情况下，采用“上浮法”可有效地从精液中去除细菌。

（3）体外生产胚胎基础培养液及培养体系。体外生产胚胎过程中，所有培养液、溶液、血清和添加物必须无污染和不含微生物，使用前用 0. 22 微米的微孔滤膜进行过滤。血清、激素和其他添加物进行严格检查是否含有病毒，尤其是胎牛血清，常常有牛腹泻病毒和牛鼻炎病毒。

（4）体外生产胚胎的环境控制。体外生产胚胎的环境控制主要是指相应建筑的设计，实验室内的灭菌、消毒灯。适宜的建筑即实验室布局不仅有利于工作的完成，而且也是安全生产胚胎的关键。采卵室、实验室、培养室、缓冲间、洗刷和灭菌室、储存室，布局要合理，内部设计要规范。

（五）提高胚胎移植综合效益的综合措施

提高牛胚胎移植的规模化、商业化运作的经济效益，不仅仅依靠胚胎的生产和移植技术水平的提高，还需制订系列的操作方案。需从供体牛的选择与处理、提高胚胎生产效率、提高移植受胎率、降低胚胎生产成本和受体牛成本等方面，分析制订提高牛胚胎移植效益的操作方案。

1. 供体牛的选择及处理方案

（1）供体牛的选择方案。

① 在选择胚胎移植供体牛时，要对牛进行严格检查，尤其是繁殖系统的健康状况。

在进行连续超排时，尽量选择上次超排效果好的牛，如果2次超排效果都不好的牛，以后不再使用。产奶高峰期的牛，处于营养负平衡状态，对超排激素的反应不敏感，还可能与高蛋白日粮有关，超排效果往往不是很理想，不能作为供体选择。

②利用育成母牛生产胚胎。母牛的初配年龄一般比性成熟晚4~7个月，以体重达到成年体重的70%时为宜。利用这一阶段，可以安排2次体内胚胎的生产，一般不会影响正常的配种程序。但利用育成牛冲胚胎时难度要比冲经产牛稍大，对操作者的技术要求更高，需安排操作相对熟练的技术员冲胚。

（2）对供体牛进行营养调控。供体的营养状况直接影响胚胎的质量。营养供应量能够影响牛卵泡的生长和卵母细胞的质量，因此，制订统一的饲养规程有助于得到均衡一致的优质胚胎。日粮配方能够显著改变体内尿素和氨的循环水平，而且，瘤胃中可降解氮的过剩或营养失调能引起胚胎成活力下降，因此，应选择一种不会产生过量瘤胃氨的日粮，从而避免卵泡内卵母细胞接触高浓度的有杀伤力的细胞毒素。

（3）供体牛子宫的净化处理和隐性子宫炎的检测。由于患隐性子宫内膜炎的母牛常不表现临床症状，直肠检查及阴道检查也不容易发现异常变化，发情周期正常，发情时子宫排出的分泌物较多，有时分泌物略微浑浊。对初步选择的供体牛要进行普遍的子宫净化。进行同期发情后，进行隐性子宫炎的检测，呈阳性的不能作为供体。

2. 提高体内胚胎生产效率的操作方案

（1）冲胚之前抽取子宫颈黏液。在冲胚时，如果子宫颈黏液或血凝块粘堵在冲胚管出水孔处，当往子宫内注入冲胚液时，在压力的作用下，可以冲开粘堵在孔处的黏液或血凝块，但冲胚液的回流仅靠虹吸作用冲不开这些黏液或血凝块，致使冲胚液积在子宫内排不出导致冲胚失败。同时对子宫造成一定的损伤，在子宫内充满积液的情况下，再注入冲胚液，还会导致冲胚液从输卵管冲出，对输卵管造成损伤。在冲胚前对母牛子宫颈的黏液抽取，一是减少黏液堵塞冲胚管造成的冲胚液回流不畅，从而提高胚胎的回收率；二是可以保证冲胚时冲出的溶液清亮透明利于检胚。

目前所使用的牛子宫颈黏液棒末端的小孔棱角边缘锋利，容易损伤子宫颈，甚至出血，对牛造成伤害，也对后续的检查、冲胚造成不便。实用新型牛子宫颈黏液抽吸棒，改进了打孔方法，使孔呈凹形保证小孔棱角边缘钝化，从而减少对子宫颈的损伤，保证冲胚的顺利进行，提高胚胎的回收率。

（2）及时消除直肠空洞造成的操作障碍。在进行冲胚和移胚时，发生直肠充气是一种较为常见的现象。由于手术前打了麻药后，直肠灵敏度降低，根本不能自行排气，在有空气进入直肠时容易造成直肠充气，形成空洞。此时，导致直肠壁很硬，不能准确把握子宫，无法继续工作，这时就需要用牛直肠抽气装置进行人工排气。

（3）制订细致的操作规范。在制订各项操作规范的时候，要准确到位，可操作性强，并强调注意事项，以免造成不必要的损失，尤其要注意以下事项。

①超排药品的使用剂量要准确。当用量过大时，不但影响胚胎生产的数量，还会影响胚胎的质量。

②输精的次数要适当。超排供体牛输精并非次数越多越好，因为精液是由蛋白质组成的，本身就是一种抗原，输进母牛体内以后必然激发其产生抗体，来排除这些异物。多输精 1 次就增加 1 倍的抗体量，所以在正常情况下以输精 2 次为宜，输精间隔时间 10～12 小时。超排后每次配种时，需同时往两侧子宫角各输 1 支，需严格执行无菌操作规范，否则在输第 2 支时容易造成污染。

③配种时严禁用手触摸卵巢。检查超排效果不能在输精时去摸卵巢的卵泡来判定，而是在冲胚前（或前 1 天）直肠检查牛的卵巢黄体个数来确定。

④冲胚液的量要把握好。尤其是第一次冲胚，如果冲胚液的量太大，会将胚胎及液体从输卵管冲出，冲胚无法进行，也会造成输卵管的损伤。

3. 利用活体采卵技术和体外受精技术进行胚胎的工厂化生产

（1）活体采卵供体牛的选择。选择活体采卵供体牛时，应主要从以下几个生理时期的母牛中进行选择。

①14 月龄以上发情周期正常的青年牛和成年母牛。

②分娩后恢复发情周期的哺乳母牛。

③人工授精后 3 ~4 周未出现返情的母牛或怀孕 3 个月以上的母牛。

（2）活体采卵间隔时间的安排。母牛每周采卵 1 ~ 2 次。可间隔 3 ~4 天进行连续的采卵，对于正常母牛，无须进行激素刺激；但是当母牛采卵数少于 6 个时，可用外源激素进行适当调节，通常的做法是每 14 天做 1 次外源激素刺激。每周 2 次的卵子收集要比间断性的采卵效率高，连续采卵会提高母牛的采卵数量与质量。

（3）精液品质鉴定。用于体外受精的精液要进行品质鉴定。先用提前鉴定的公牛精液与活体采卵收集的卵子进行实验，用这种方法来判断精液是否可以成功受精，是否可以产生优质胚胎。这一步非常重要，因为人工授精良好的公牛精液不一定在体外受精时也表现良好。通常，一个人工授精剂量的精液可以受精 200 个卵子。

4. 提高移植受胎率的操作方案

（1）受体牛选择与处理。由于隐性子宫内膜炎使受精卵不能着床或胚胎早期死亡，因而，对受体牛也需进行子宫的净化处理和隐性子宫炎的检测，方案与处理供体牛相同。受体牛要保证营养的供应，要避免血液酸中毒。

胚胎移植的基本原则之一就是胚胎与受体在生理学上的一致性。除了对受体牛选择外，更应注意的是它的发情周期性问题。要使胚胎发育阶段与受体牛发情周期相一致。在准备鲜胚移植受体牛时，受体牛第 2 次注射 PG，提前 12 小时。

（2）合理安排受体牛的移植程序。

①根据发情时间确定受体移植顺序。在进行大批量的胚胎移植时，需要根据受体牛发情、排卵时间的先后进行排序，发情、排卵早的先选，发情、排卵晚的后选，尽量缩小受体与供体的发情同步差，最长不超过±24小时。

②根据胚胎的发育阶段选择受体。同一时间处理的供体牛，甚至同一供体牛，胚胎的发育阶段不尽相同，在选择受体牛时，还要根据胚胎的不同发育阶段和受体牛的不同发情、排卵时间灵活搭配，尽量缩短胚胎发育时期和受体牛子宫环境的同步差。

③根据黄体发育状况确定是否移植。经过以上步骤选择后的受体牛，在进行胚胎移植前，除对生殖器官再次检查外，主要是对黄体进行仔细检查，根据黄体状况确定是否移植。检查黄体时还要注意区分黄体化卵泡，具有黄体化卵泡的受体母牛移植胚胎是不能受胎的。

（3）严格执行移植操作程序。移植胚胎时要严格遵守无菌操作规程，以防生殖道感染。移植枪在每次使用后要进行彻底清洗，干燥后用环氧乙烷气体消毒或干燥灭菌，在条件不具备时可在每次输精后清洗干净移植枪，使用前一定要用75%酒精彻底消毒，待酒精彻底挥发后再使用。

在移植胚胎时，要避免对一些很难移植的受体牛进行长时间操作，这样会很容易对子宫内膜造成创伤，引起子宫平滑肌不利的逆蠕动，出现不适宜怀孕的反应。更重要的是容易造成子宫的损伤，使子宫内膜上皮脱落，甚至有出血发生。内膜上皮细胞、红细胞、白细胞等进入宫腔，反射性地引起子宫自净功能活动增强，胚胎会同组织碎片、各种细胞等一起被排出子宫；同时，进入宫腔的血液中，血清是有活性的，对胚胎也有毒害作用，因此受胎率肯定要大大降低；血凝块堵塞移植枪出口，可能会机械性地影响胚胎自移植枪进入子宫；若胚胎被凝固的血块包裹，可造成胚胎死亡。

5. 通过双胚移植降低受体牛的成本

(1) 每头受体牛移植2枚性控胚胎的依据。母牛怀双胎，并且是一公一母时，称为异性双胎。在所生异性双胎的母牛犊中，有91%～94%的雌性个体不能生育，称为异性孪生不育。同时移植2枚胚胎，会造成异性双胎现象，生出的母犊先天性不孕，失去母牛的利用价值。

目前生产性控胚胎的方法大致分为2类，一类方法是利用性控精液通过人工授精生产体内胚胎或通过体外受精生产的体外胚胎，雌性控制率在90%以上。另一类方法是通过控制输精时间或母牛的生殖道内环境来控制胚胎的性别，雌性控制率大概是70%。

胚胎分体内胚和体外胚2种，移植后胚胎的着床率差异较大，体内胚胎的着床率60%左右，体外胚胎的着床率40%左右。同时移植2枚胚胎，每枚胚胎的着床相互间有何影响尚未见详细的报道，有待于今后的研究探讨。

(2) 计算移植2枚胚胎怀双胎的概率。根据推算，每头受体牛同时移植2枚性控胚胎，胚胎的雌性控制率为90%，胚胎着床率在40%的情况下，对1头移植2枚胚胎的受体牛来说，怀一公一母的概率是2.88%。移植100枚胚胎（50头受体牛），生产异性双胎的母犊1.44头。

当胚胎的雌性控制率为70%，胚胎着床率在50%的情况下，对1头移植2枚胚胎的受体牛来说，怀一公一母的概率是10.5%，移植100枚胚胎（50头受体牛），产生异性双胎母犊5.25头。

移植非性控胚胎（雌雄各占50%），胚胎着床率在50%的情况下。对1头移植2枚胚胎的受体牛来说，怀一公一母的概率是12.5%，移植100枚胚胎（50头受体牛），怀异性双胎母牛6.25头。

（3）综合多种因素制订移植双胚的方案。为了降低胚胎移植受体牛的成本，提高胚胎移植的经济效益，在进行双胚移植时，要综合各种因素制订移植双胚的方案。对于胚胎雌性控制率在90%以上的胚胎，不需考虑胚胎的着床率和受体牛的成本，都可以进行双胚移植。对于雌性控制率70%左右的胚胎，是否同时移植2枚，要根据胚胎的价格、受体牛的成本、胚胎着床率、公母犊的价格差别等因素来确定。对于遗传潜力非常好的牛，通过活体采卵生产的体外非性控胚胎，甚至也可以考虑进行双胚移植。

附表1 肉牛标准化示范场验收评分标准

<table>
<tr><td colspan="3">申请验收单位：</td><td colspan="3">验收时间： 年 月 日</td></tr>
<tr><td rowspan="4">必备条件（任一项不符合不得验收）</td><td colspan="2">1. 场址不得位于《中华人民共和国畜牧法》明令禁止区域，并符合相关法律法规及区域内土地使用规划</td><td colspan="3" rowspan="4">可以验收○
不予验收○</td></tr>
<tr><td colspan="2">2. 具备县级以上畜牧兽医部门颁发的《动物防疫条件合格证》，两年内无重大疫病和产品质量安全事件发生</td></tr>
<tr><td colspan="2">3. 具有县级以上畜牧兽医行政主管部门备案登记证明；按照农业部《畜禽标识和养殖档案管理办法》要求，建立养殖档案</td></tr>
<tr><td colspan="2">4. 年出栏育肥牛500头以上，或存栏能繁母牛50头以上</td></tr>
<tr><td>验收项目</td><td>考核内容</td><td>考核具体内容及评分标准</td><td>满分</td><td>得分</td><td>扣分原因</td></tr>
<tr><td rowspan="2">一、选址与布局（20分）</td><td rowspan="2">（一）选址（4分）</td><td>距离生活饮用水源地、居民区和主要交通干线，其他畜禽养殖场及畜禽屠宰加工、交易场所500米以上，得2分。否则酌情扣分</td><td>2</td><td></td><td></td></tr>
<tr><td>场址地势高燥，得1分；通风良好、背风向阳，得1分</td><td>2</td><td></td><td></td></tr>
</table>

（续表）

验收项目	考核内容	考核具体内容及评分标准	满分	得分	扣分原因
一、选址与布局（20分）	（二）基础设施（5分）	水源稳定，有水质检验报告并符合要求，得1分；有水储存设施或配套饮水设备，得1分	2		
		电力供应充足有保障，得2分	2		
		交通便利，有专用车道直通到场，得1分	1		
	（三）场区布局（8分）	场区与外环境隔离，得2分。场区内办公区、生活区、生产区、隔离区、粪污处理区完全分开，布局合理，得2分，部分分开，适当扣分	4		
		育肥场有育肥牛舍，得3分，有运动场（≥6米²/头），得1分。或母牛繁育场有单独母牛舍、犊牛舍、育成舍、育肥牛舍，得2分，有运动场（≥15米²/头），得2分	4		
	（四）净道和污道（3分）	净道、污道严格分开，得3分；有净道、污道，但没有完全分开，得2分；完全没有净道、污道，不得分。牧场有放牧专用牧道，得3分	3		
二、设施与设备（32分）	（一）牛舍与饲养密度（6分）	牛舍为有窗式、半开放式、开放式，得4分，简易牛舍得2分	4		
		牛舍内饲养密度≥3.5米²/头，得2分；<3.5米²/头，得1分	2		
	（二）消毒设施（6分）	场门口有消毒池，人员更衣、换鞋室和消毒通道，得2分；场内有行人、车辆消毒槽得2分，没有不得分	4		
		有环境消毒设备得2分；没有不得分	2		
	（三）养殖设备与设施（14分）	牛舍内有固定食槽，得2分；运动场或犊牛栏设补饲槽得1分。没有不得分	3		
		牛舍内有饮水器或独立饮水槽，得1分；运动场设饮水槽，得1分，没有不得分	2		
		有全混合饲料搅拌机，得4分，不具备者视设备装备情况适当扣分	4		

（续表）

验收项目	考核内容	考核具体内容及评分标准	满分	得分	扣分原因
二、设施与设备（32分）	（三）养殖设备与设施（14分）	有足够容量（10米^3/头）的青贮设施，得3分，有青贮设备，得2分，没有不得分 或牧区有足够容量（2吨/头）的干草棚库，得3分，有铡草机，得2分，没有不得分	5		
	（四）辅助设施（6分）	有档案室，得1分	1		
		育肥牛场有兽医室，得3分。或母牛繁育场有兽医室，得1分，有人工授精室得2分	3		
		有装牛台，得1分。有地磅，得1分。没有不得分	2		
三、管理制度与记录（28分）	（一）饲料供应管理（3分）	使用精料补充料，得1分，否则不得分；有粗饲料供应和采购计划，得2分；或牧场实行划区轮牧制度、季节性休牧制度、建有人工草场，得3分，不足之处适当扣分	3		
	（二）疫病防治制度（8分）	有消毒防疫制度，记录完整，得2分	2		
		有口蹄疫等国家规定疫病的免疫接种计划，记录完整，得2分	2		
		有预防、治疗肉牛常见病规程，得2分	2		
		有兽药使用记录，包括适用对象、使用时间和用量记录。记录完整得2分，不完整适当扣分	2		
	（三）生产记录（11分）	有科学的饲养管理操作规程，得2分，上墙得1分	3		
		育肥场购牛时有动物检疫合格证明，有牛群周转（品种、来源，进出场的数量、月龄、体重）记录，记录完整得6分，不完整适当扣分。 繁育场或牧场有配种方案和繁殖记录（品种、与配公牛、预产日期、产犊日期、犊牛初生重），记录完整得6分，不完整适当扣分	6		
		有完整的精粗饲料消耗记录，记录完整得2分，不完整适当扣分	2		

（续表）

验收项目	考核内容	考核具体内容及评分标准	满分	得分	扣分原因
三、管理制度与记录（28分）	（四）档案管理（4分）	牛群周转、疫病防治、疫苗接种、饲料采购、配种繁殖、兽药使用、人员雇佣的档案资料保存完整，得4分，不完整适当扣分	4		
	（五）人员配备（2分）	有1名以上经过畜牧兽医专业知识培训的技术人员，持证上岗，得2分	2		
四、环保要求（12分）	（一）粪污处理（6分）	有固定的牛粪储存、堆放场所，并有防雨、防渗漏、防溢流措施，得3分，有不足之处适当扣分	3		
		有沼气发酵或其他处理设施，或采用农牧结合方式做有机肥利用，得3分，不足之处适当扣分	3		
	（二）病死牛处理（6分）	配备焚尸炉或化尸池等病死牛无害化处理设施，得3分	3		
		病死牛采用深埋或焚烧等方式处理，得2分，有记录，得1分	3		
五、生产水平（8分）	生产水平（8分）	育肥场育肥期平均日增重≥1.2千克，得8分，否则得4分。 繁育场或牧场的母牛繁殖率≥80%得4分，否则适当扣分；犊牛成活率≥95%得4分，否则适当扣分	8		
总分			100		

附表 2　肉牛系谱及个体信息表

登记日期：

耳标号	登记号	出生日期

性别	各品种血统比例	是否多胎	是否胚移个体	相关 DNA 检测信息

来源		现场所属站	

体尺测量						
测定日期	鬐甲高	十字部高	体斜长	胸围	腹围	管围

个体性能测定					
初生重	断奶重	校正断奶重	周岁重	18 月龄重	24 月龄重

超声波测定						
测定日期	背膘厚	眼肌面积	大理石花纹	腰部肉厚	肌内脂肪含量	

EPD（EXPECTED PROGENY DIFFRENCE）						
难产度	初生重	断奶重	12 月龄重	母性难产度	母性断奶重	泌乳能力
EPD	EPD	EPD	EPD	EPD	EPD	EPD
ACC	ACC	ACC	ACC	ACC	ACC	ACC

（续表）

谱系										
亲代信息	登记号	出生日期	备注							
祖父										
父号										
祖母										
外祖母号										
母亲号										
外祖母										

附表 3　母牛生产记录表

母牛配种记录表

畜主姓名（场、站名）：____________所在地：____________畜主编号（场编号）：____________记录员：____________

母牛号	母牛品种	毛色特征	第 1 次配种时间	与配公牛	第 2 次配种时间	与配公牛	第 3 次配种时间	与配公牛	预产期

母牛产犊记录表

畜主姓名（场、站名）：________所在地：________畜主编号（场编号）：________记录员：________

母畜号	母牛品种	产犊日期	胎次	犊牛编号	犊牛性别	犊牛初生重	犊牛毛色	产犊难易度				备注（是否双胎等）
								顺产	助产	引产	剖腹产	

生长发育记录表

畜主姓名（场、站名）：________所在地：________畜主编号（场编号）：________记录员：________

牛号	体重（千克）	体重测定日期	体尺/厘米						体尺测量日期
			体高	十字部高	体斜长	胸围	腹围	管围	

疾病情况记录表

畜主姓名（场、站名）：__________所在地：__________畜主编号（场编号）：__________记录员：__________

牛号	品种	畜龄	性别	发病日期	疾病名称	处理结果

群体变化情况表

畜主姓名（场、站名）：__________所在地：__________畜主编号（场编号）：__________记录员：__________

牛号	品种	畜龄	性别	购入日期或本地出生日期	购入地或出生地	离群日期	离群去向	离群原因

附表 4　生长母牛的营养需要

体重/千克	日增重/千克	干物质/千克	肉牛能量单位（RND）	综合净能/兆焦	粗蛋白质/克	钙/克	磷/克
150	0	2.66	1.46	11.76	236	5	5
	0.3	3.29	1.9	15.31	377	13	8
	0.4	3.49	2.00	16.15	421	16	9
	0.5	3.70	2.11	17.07	465	19	10
	0.6	3.91	2.24	18.07	507	22	11
	0.7	4.12	2.36	19.08	548	25	11
	0.8	4.33	2.52	20.33	589	28	12
	0.9	4.45	2.69	21.76	627	31	13
	1.0	4.75	2.91	23.47	665	34	14
175	0	2.98	1.63	13.18	265	6	6
	0.3	3.83	2.12	17.15	403	14	8
	0.4	3.85	2.24	18.07	447	17	9
	0.5	4.07	2.37	19.12	489	19	10
	0.6	4.29	2.50	20.12	530	22	11
	0.7	4.51	2.64	21.34	571	25	12
	0.8	4.72	2.81	22.72	609	28	13
	0.9	4.94	3.01	24.31	650	30	14
	1.0	5.16	3.24	26.19	686	33	15
200	0	3.30	1.80	14.56	293	7	7
	0.3	3.98	2.34	18.91	428	14	9
	0.4	4.21	2.47	19.46	472	17	10
	0.5	4.44	2.61	21.09	514	20	11
	0.6	4.66	2.76	22.30	555	22	12
	0.7	4.89	2.92	23.43	593	25	13
	0.8	5.12	3.10	25.06	631	28	14
	0.9	5.34	2.32	26.78	669	30	14
	1.0	5.57	3.58	28.87	708	33	15

（续表）

体重/千克	日增重/千克	干物质/千克	肉牛能量单位（RND）	综合净能/兆焦	粗蛋白质/克	钙/克	磷/克
225	0	3.6	1.87	15.10	320	7	7
	0.3	4.312	2.60	20.71	452	15	10
	0.4	4.55	2.74	21.76	494	17	11
	0.5	4.78	2.89	22.89	535	20	12
	0.6	5.02	3.06	24.10	576	23	12
	0.7	5.26	3.22	25.36	614	25	13
	0.8	5.49	3.44	26.90	652	28	14
	0.9	5.73	3.67	29.62	691	30	15
	1.0	5.96	3.95	31.92	726	33	16
250	0	3.90	2.20	17.78	346	8	8
	0.3	4.64	2.84	22.97	475	15	11
	0.4	4.88	3.00	24.23	517	18	11
	0.5	5.13	3.17	25.01	558	20	12
	0.6	5.37	3.35	27.03	599	23	13
	0.7	5.62	3.53	28.53	637	25	14
	0.8	5.87	3.76	30.38	672	28	15
	0.9	6.11	4.02	32.48	711	30	15
	1.0	6.36	4.33	34.98	746	33	17
275	0	4.19	2.40	19.37	372	9	9
	0.3	4.96	3.10	25.06	501	16	11
	0.4	5.21	3.27	26.40	543	18	12
	0.5	5.47	3.45	27.87	581	20	13
	0.6	5.72	3.65	29.46	619	23	14
	0.7	5.98	3.85	31.09	657	25	14
	0.8	6.23	4.10	33.10	696	28	15
	0.9	6.49	4.38	35.35	731	30	16
	1.0	6.74	4.72	38.07	766	32	17

（续表）

体重/千克	日增重/千克	干物质/千克	肉牛能量单位（RND）	综合净能/兆焦	粗蛋白质/克	钙/克	磷/克
300	0	4.47	2.60	21.00	397	10	10
	0.3	5.26	3.35	27.07	523	16	12
	0.4	5.53	3.54	28.58	565	18	13
	0.5	5.79	3.74	30.17	603	21	14
	0.6	6.06	3.95	31.88	641	23	14
	0.7	6.32	4.17	33.64	679	25	15
	0.8	6.58	4.44	35.82	715	28	16
	0.9	6.85	4.74	38.24	750	30	17
	1.0	7.11	5.10	41.17	785	32	17
325	0	4.75	2.78	22.43	421	11	11
	0.3	5.57	3.59	28.95	547	17	13
	0.4	5.84	3.78	30.54	586	19	14
	0.5	6.12	3.99	32.22	624	21	14
	0.6	6.39	4.22	34.06	662	23	15
	0.7	6.66	4.46	35.98	700	25	16
	0.8	6.94	4.74	38.28	736	28	16
	0.9	7.21	5.06	40.88	771	30	17
	1.0	7.49	5.45	44.02	803	32	18
350	0	5.02	2.95	23.85	445	12	12
	0.3	5.87	3.81	30.75	569	17	14
	0.4	6.15	4.02	32.47	607	19	14
	0.5	6.43	4.24	34.27	645	21	15
	0.6	6.72	4.49	36.23	683	23	16
	0.7	7.00	4.47	38.24	719	25	16
	0.8	7.28	5.04	40.71	757	28	17
	0.9	7.57	5.38	43.47	789	30	18
	1.0	7.85	5.80	46.82	824	32	18

（续表）

体重/千克	日增重/千克	干物质/千克	肉牛能量单位（RND）	综合净能/兆焦	粗蛋白质/克	钙/克	磷/克
375	0	5.28	3.13	25.27	469	12	12
	0.3	6.16	4.04	32.59	593	18	14
	0.4	6.45	4.26	34.39	631	20	15
	0.5	6.74	4.50	36.32	669	22	16
	0.6	7.03	4.76	38.41	704	24	17
	0.7	7.32	5.03	40.58	743	26	17
	0.8	7.62	5.35	43.18	778	28	18
	0.9	7.91	5.71	46.11	810	30	19
	1.0	8.20	6.15	49.66	845	32	19
400	0	5.55	3.31	26.74	492	13	13
	0.3	6.45	4.26	34.43	613	18	15
	0.4	6.76	4.50	36.36	651	20	16
	0.5	7.06	4.76	38.41	689	22	16
	0.6	7.36	5.03	40.58	727	24	17
	0.7	7.66	5.31	42.89	763	26	17
	0.8	7.96	5.64	45.65	798	28	18
	0.9	8.26	6.04	48.74	830	29	19
	1.0	8.56	6.50	52.51	866	31	19

附表5　妊娠母牛的营养需要

体重/千克	日增重/千克	干物质/千克	肉牛能量单位（RND）	综合净能/兆焦	粗蛋白质/克	钙/克	磷/克
300	6	6.32	2.80	22.60	409	14	12
	7	6.43	3.11	25.12	477	16	12
	8	6.60	3.50	28.26	587	18	13
	9	6.77	3.97	32.05	735	20	13

（续表）

体重/千克	日增重/千克	干物质/千克	肉牛能量单位（RND）	综合净能/兆焦	粗蛋白质/克	钙/克	磷/克
350	6	6. 86	3. 12	25. 19	449	16	13
	7	6. 98	3. 45	27. 87	517	18	14
	8	7. 15	3. 87	31. 24	627	20	15
	9	7. 32	4. 37	35. 3	775	22	15
400	6	7. 39	3. 43	27. 69	488	18	15
	7	7. 51	3. 78	30. 56	556	20	16
	8	7. 68	4. 23	34. 13	666	22	16
	9	7. 84	4. 76	38. 47	814	24	17
450	6	7. 90	3. 73	30. 12	526	20	17
	7	8. 02	4. 11	33. 15	594	22	18
	8	8. 19	4. 58	36. 99	704	24	18
	9	8. 36	5. 15	41. 58	852	27	19
500	6	8. 40	4. 03	32. 51	563	22	19
	7	8. 52	4. 42	355. 72	631	24	19
	8	8. 69	4. 92	39. 76	741	26	20
	9	8. 86	5. 53	44. 62	889	29	21
550	6	8. 89	4. 31	34. 83	599	24	20
	7	9. 00	4. 73	38. 23	667	26	21
	8	9. 17	5. 26	42. 47	777	29	22
	9	9. 34	5. 90	47. 61	925	31	23

附表 6　哺乳母牛的营养需要

体重/千克	干物质/千克	肉牛能量单位（RND）	综合净能/兆焦	粗蛋白质/克	钙/克	磷/克
300	4. 47	2. 36	19. 04	332	10	10
350	5. 02	2. 65	21. 38	372	12	12
400	5. 55	2. 93	23. 64	411	13	13
450	6. 06	3. 20	25. 82	449	15	15
500	6. 56	3. 46	27. 91	486	16	16
550	7. 04	3. 72	30. 04	522	18	18

技术规程一　牛人工授精技术规程
（NY/T 1335—2007）

1　范围

本规程规定了牛冷冻精液人工授精的操作技术要求。

本规程适用于母牛人工授精技术应用。

2　规范性引用文件

下列文件中的条款通过本规程的引用而成为本规程的条款。凡是注日期的引用文件，其随后所有的修改单（不包括勘误的内容）或修订版均不适用于本标准，然而，鼓励根据本标准达成协议的各方研究是否可以使用这些文件的最新版本。凡是不注日期的引用文件，其最新版本适用于本标准。

GB 4143　牛冷冻精液

GB/T 5458　液氮生物容器

3　术语和定义

下列术语和定义适用于本规程。

3.1　冷冻精液（frozen semen）

将原精液用稀释液等温稀释、平衡后快速冷冻，在液氮中保存。冷冻精液包括颗粒冷冻精液和细管冷冻精液。

3.2　冷冻精液解冻（thawing of froxen semen）

冷冻精液使用前使冷冻精子重新恢复活力的处理方法。

3.3　人工授精（artificial insemination）

用人工方法采取公牛精液，经检查处理后，输入发情母牛生殖道内，使其受胎的技术。

3.4　发情鉴定（estrus detection）

通过外部观察或其他方式确定母牛发情程度的方法。

3.5 情期受胎率（conception rate of same insemination）

同期受胎母牛数占同期参加输精母牛数的百分比。

3.6 受胎率（conception rate）

同期受胎母牛数占同期输精情期数的百分比。

3.7 繁殖率（reproductive rate）

同期分娩母牛数占同期应繁殖母牛数百分比。

4 牛基本条件

4.1 种公牛和精液品质

应符合 GB 4143 的要求。

4.2 母牛

健康、繁殖机能正常的未妊娠母牛。

5 输精准备

5.1 器具清洗和消毒

凡是接触精液和母牛生殖道的输精用器具都应进行清洗消毒。

5.2 冷冻精液的储存

冷冻精液应浸泡在液氮生物容器中储存，液氮生物容器应符合 GB/T 5458 有关规定。包装好的冷冻精液由一个液氮容器转换到另一液氮容器时，在液氮容器外停留时间不得超过 5 秒。

5.3 冷冻精液解冻

冷冻精液的解冻方法应符合 GB 4143 的要求。

5.4 精液质量检查

精液质量应符合 GB 4143 的要求。

5.5 牛体卫生

输精前，用手掏净母牛直肠宿粪后，再用温水清洗母牛外阴部并擦拭干净。

5.6　输精器准备

5.6.1　球式玻璃输精器使用

球式玻璃输精器主要用于细管冷冻精液的输精。输精前在输精器后端装上橡胶头，手捏橡胶头吸取精液。

5.6.2　金属输精器使用

金属输精器主要用于细管冷冻精液的输精。剪去细管精液封口，剪口应正，断面应齐。将剪去封口的细管精液迅速装入输精管内，步骤为：剪去封口端的为前端，输精器推杆后退，细管装至管内，输精器管进入塑料外套管，管口顶紧外套管中固定圈，输精器管前推到头，外套管后部与输精器后部螺纹处拧紧，全部结合要紧密。

6　母牛发情鉴定

6.1　外部观察

通过母牛的外部表现症状和生殖器官的变化判断母牛是否发情和发情程度。

6.2　直肠检查

通过直肠检查卵巢，触摸卵泡发育程度，判断发情程度及排卵时间。

7　输精

7.1　输精时间确定

7.1.1　触摸卵泡法

在卵泡壁薄、满而软、有弹性和波动感明显接近成熟排卵时输精一次；6～10小时卵泡仍未破裂，再输精一次。

7.1.2　外部观察法

母牛接受爬跨后6～10小时是适宜输精时间。如采用两次输精，第二次输精时间为母牛接受爬跨后12～20小时。青年母牛的输精时间宜适当提前。

7.2　直肠把握输精法

输精人员一手五指并握，呈圆锥形从肛门伸进直肠，动作要轻柔，在直肠内触摸并把握住子宫颈，使子宫颈把握在手掌之中，另一手将输精器从阴道下口斜上方约45°角向里轻轻插入，双手配合，输精器头对准子宫颈口，轻轻旋转插进，过子宫颈口螺旋状皱壁1～2厘米到达输精部位。一头母牛应使用一支输精器或者一支消毒塑料输精外套管。直肠把握输精使用器械及其操作分为：

a）用球式玻璃输精器的，注入精液前略后退约0.5厘米，手捏橡胶头注入精液，输精管抽出前不得松开橡胶头，以免回吸精液。

b）用金属输精器的，注入输液前略后退约0.5厘米，把输精器推杆缓缓向前推，通过细管中棉塞向前注入精液。

7.3　输精部位

应到子宫角间沟分岔部的子宫体部，不宜深达子宫角部位。

8　妊娠检查

8.1　外部观察

妊娠母牛外部表现发情周期停止，食欲增进，毛色润泽，性情变温和，行为变安稳。怀孕中后期腹围增大，腹壁一侧突出，甚至可观察到胎动，乳房胀大。

8.2　直肠检查

输精后二个情期未发情（40天左右），通过直肠触摸检查子宫，可查出两侧子宫角不对称，孕侧子宫角较另侧略大，且柔软。60天后直肠触摸可查出妊娠子宫增大、胎儿和胎膜。直肠触摸同侧卵巢较另侧略大，并有妊娠黄体，黄体质柔软、丰满，顶端能触感突起物。

8.3　超声波诊断

用B超检查母牛的子宫及胎儿、胎动、胎心搏动等。

9　记录

9.1　记录内容

包括母牛号、母牛发情时间、发情观察鉴定、发情后期流血时间、输精时间、公牛号及冷冻精液信息、输精操作人员。上述内容可以表格的方式记录。

9.2　情期受胎率

情期受胎率按计算方法：

情期受胎率＝（同期受胎母牛数/同期输精情期数）×100%

9.3　受胎率

受胎率按式计算方法：

受胎率＝（同期受胎母牛数/同期输精母牛数）×100%

9.4　繁殖率

繁殖率按计算方法：

繁殖率＝（同期产犊母牛数/同期应繁殖母牛数）×100%

技术规程二　牛冷冻精液生产技术规程（NY/T 1234—2006）

1　范围

本标准规定了牛冷冻精液生产的器械清洗和消毒、稀释液配制、采精、精液处理、精液冷冻、冻精解冻、冻精镜检和检验规则、冻精包装、冻精储存及冻精运输。

本标准适用于牛冷冻精液生产。

2　规范性引用文件

下列文件中的条款通过本标准的引用而成为本标准的条款。

凡是注日期的引用文件，其随后所有的修改单（不包括勘误的内容）或修订版均不适用于本标准，然而，鼓励根据本标准达成协议的各方研究是否可使用这些文件的最新版本。凡是不注日期的引用文件，其最新版本适用于本标准。

GB/T 4143　牛冷冻精液

GB/T 5458　液氮生物容器

3　术语和定义

下列术语和定义适用于本标准。

3.1　种公牛（Bull kept for covering）

符合本品种标准一级以上的公牛。

3.2　假阴道（Artificial vagina）

模拟母牛阴道环境条件的采精工具，由外壳、内胎、漏斗、集精管等组成。

3.3　采精（Semen collection）

用人工模拟且有自然交配感的工具，以获得公牛精液的方法。

3.4　射精（Ejaculation）

公牛经性反射最终从阴茎射出混合液的过程。

3.5　射精量（Volume per ejaculate）

公牛一次采精时排出的精液量。

3.6　精液（Semen）

由精子和精清两部分组成的雄性生殖器外分泌物。精子悬浮在液状的精清中。

3.7　精液检查（Semen examination）

鉴别精液质量的主要手段。

3.8　精液稀释液（Semen dilutor）

保护精子，延长其存活时间及增加精液容量的液体。

3.9　细管精液（Straw semen）

精液冷冻类型之一。将精液用稀释液等温稀释、平衡后，分装入细管并封口，然后在液氮中快速冷冻。

3.10　精液储存（Semen storage）

精液处理后至用于配种前需要保存的方法。

3.11　精液解冻（Thawing frozen semen）

冷冻精液使用（输精）前的处理方法。

3.12　检验（Inspection）

对产品或服务的一种或多种特性进行测量、检查、试验、度量，并将这些特性与规定的要求进行比较，以确定其符合性的活动。

4　器械清洗和消毒

4.1　玻璃器皿使用后（或新购置的），用自来水浸泡。洗涤时，先在加有洗涤剂的温热溶液中进行刷拭（遇有污物或油垢不易清洗的，放入重铬酸钾洗液中浸泡数小时），然后用水冲洗干净，最后用蒸馏水冲洗，直至器皿光亮、无水滴附着为止。将洗净的玻璃器皿送入电热干燥箱，加热至160℃后再恒温60分钟，自然冷却后待用。

4.2　假阴道使用后，用水冲去表面污物，然后在加有洗涤剂的温热溶液中用长毛刷刷洗，并用水冲洗干净，再用蒸馏水逐个冲洗。将洗净的假阴道放在架子上，其上覆盖两层清洁纱布，晾干备用。如发现内胎漏气、漏水或皱褶，应及时更换或整理。

4.3　器械应进行消毒。竹夹、瓷漏斗、金属镊子、止血钳、药匙、胶塞和吸管滴头等用75%酒精棉球擦拭消毒，待酒精挥发尽后方能使用，细管用冷冻架使用前用紫外线消毒30分钟。

4.4　载玻片和盖玻片，用后立即浸泡于水中，洗净后用柔软的布擦拭干净备用。

4.5　纱布应定期清洗、消毒。包装用的塑料细管、塑料管及纱布袋用紫外线消毒30分钟后方可使用。

5　**稀释液配制**

5.1　稀释液配方参照附录C。

5.2　稀释液配制方法

5.2.1　蒸馏水的制备

单蒸馏水可采购或用蒸馏器烧制，双蒸馏水用玻璃蒸馏器烧制，严格按照仪器的说明书进行操作。

5.2.2　天平的使用

天平放置在平稳的工作台上，保持清洁干燥，不使用时刀口应处于空载状态。称取药品时，盘内垫以称量纸，校零后方可称重。砝码应保持清洁、干燥。

5.2.3　药品的取用及保存

化学药品取用后，应立即将瓶口盖严，并妥善保存。

5.2.4　卵黄的取用

鸡蛋应来源于无疫病的鸡场，且新鲜完整干净，用75%酒精棉球对蛋壳表面进行消毒，待酒精挥发尽后用蛋清分离器取出完整的卵黄（也可在鸡蛋腰正中线处敲开一裂纹，将鸡蛋一分两半，利用两个蛋壳交替倾倒，除去蛋清，留下卵黄）然后用灭菌的注射器穿过卵黄膜抽取卵黄。

5.2.5　稀释液配制程序

配制12%蔗糖溶液100毫升：先准确称取蔗糖（分析纯）12g，放入容量为100毫升的量筒内，加入蒸馏水50毫升左右，用消毒过的玻棒搅拌，待蔗糖溶解后再加蒸馏水至100毫升，混匀后用滤纸过滤于三角烧瓶或盐水瓶中，扎好（塞紧）瓶口，置75℃水浴锅中消毒30分钟。取冷却后的蔗糖溶液75毫升、甘油5毫升、卵黄20毫升和青霉素、链霉素各5万~10万单位加入三角烧瓶中，用磁力搅拌器充分搅拌均匀后放入 3～5℃的冰箱内待用，但放置时间不得超过 24 小时。

6　采精

6.1　准备

6.1.1　采精场所应保持安静，地面保持清洁卫生并铺垫防滑设施。

6.1.2　选择健壮、性情温驯、无疫病的母牛或公牛作台牛，并保定于采精架内。台牛的外阴、臀部和公牛体表及包皮内腔采精前应冲洗干净。

6.1.3　预先使恒温箱和水浴锅处于工作状态，将采精用具有规则地摆放在操作台上，假阴道润滑剂（凡士林与液体石蜡油按 1∶1 的比例调制）用水浴煮沸消毒。

6.1.4　安装假阴道前应洗净双手，用 75% 的酒精棉球消毒假阴道内胎及三角漏斗，将三角漏斗安装于假阴道上，接上集精管，套上保护套，假阴道内可提前注入 38℃左右温水，并用消毒纱布将假阴道口包裹好，放置于预先调整好温度 44～46℃的恒温箱内待用。青年牛用光面内胎的假阴道，成年牛可用纹状面内胎的假阴道。采精前在假阴道内胎的前 2/3 处用涂抹棒均匀涂擦适量消毒过的润滑剂，并从活塞孔打气，使假阴道有适度（假阴道口呈三角形状为宜）的压力。采精时温度控制在 38～40℃之间，根据不同的牛，温度可做适当调整，最高不得超过 43℃。

6.2　采精方法

采精时饲养员与采精员要积极配合。采精员的动作要迅速而正确，胆大心细，注意人、畜安全。采精前先让公牛进行数次空爬使之有充分的性准备，待公牛性欲旺盛时采精。为提高公牛的性欲，可采取空爬、抑制爬跨、更换台牛、更换地点、观摩、引诱、被爬跨、按摩等措施。采精员右手持假阴道，站在公牛右后方，当公牛起跳，前肢爬上台牛时，迅速向前用左手托着公牛包皮，右手持假阴道与台牛呈40°角，假阴道口斜向下方，左右手配合将公牛阴茎自然地引入假阴道口内（不得用手捉拿阴茎、假阴道去套阴茎），公牛往前一冲即完成射精动作，公牛随即而下，采精员右手紧握假阴道，随公牛阴茎而下，待公牛前肢落地时，缓慢地把假阴道脱出，立即将假阴道口斜向上方，打开活塞放气，使精液尽快地流入集精管内，然后小心地取下集精管，迅速送至精液处理室。安装好的假阴道只能使用一次，不得重复使用。成年公牛每周采精两次，每次可连续采精两回（间隔30分钟左右）。

6.3　后处理

采精后应及时清扫场地并用水冲洗干净。假阴道等采精器械清洗干净后应尽快消毒。

7　精液处理

7.1　准备

凡是接触精液的器皿均应放在30~35℃恒温箱中，稀释液放在34℃恒温水浴箱中备用。盛装稀释精液的稀释管，应做明显标记。

7.2　密度测定

采集的精液通过专用窗口传递入精液处理室后，按精液密度测定仪的操作规程准确进行精液的密度测定。

测出密度后通过计算或精液密度测定仪的相关程序获得应加稀释液量、可制作细管数等信息。及时记录牛号、采精量、密度、所加稀释液量、制作细管数等有关数据。

7.3　镜检

取精液或稀释精液一小滴于载玻片上，加盖盖玻片后在

38℃恒温装置的相差显微镜上评定活力，活力用百分率表示，例如80%或0.8。活力是判断精液质量的一个重要指标，镜检活力合格者进行稀释。

7.4　稀释、封装、平衡和标志

7.4.1　使用一种稀释液

取一支已盛有30毫升稀释液经34℃水浴预先加温的试管，对精液进行稀释，在34℃水浴中暂存10分钟后加稀释液到最终稀释量。

a）方法一

再过10分钟后即可在20℃以下常温实验室操作台上进行精液的分装，分装后的细管精液放入不透明的塑料盒内，每盒以盛放300支为宜（遇一头牛的细管数量较大，应分放在两个塑料盒中），把塑料盒放入4℃冷藏柜中平衡3～4小时。

b）方法二

加完稀释液后，用水杯盛适量的34℃水，把稀释管放入后送4℃低温柜内降温平衡，2h后水杯中加冰块促使其快速降温至4℃（空细管亦应降至4℃），再在低温柜中进行细管分装。分装后的细管即可进行冷冻。

7.4.2　使用两种稀释液

用34℃的第一液缓慢地加入精液中，摇匀，所加第一液的量=［（所加稀释液总量+精液量/2］-精液量，用烧杯盛适量的34℃水，把稀释管放入后送4℃低温柜内降温，与此同时把第二液也放入。平衡2小时后水杯中加冰块促使其快速降温。当降温至10℃时加入第二液，所加第二液的量=（所加稀释液总量-所加第一液的量）。加入第二液后再平衡半小时以上才能在低温柜中进行细管分装，分装后的细管即可进行冷冻。

有条件的单位可使用细管分装一体机进行细管分装操作。

细管上所印字迹应清晰易认，信息齐全。

8　精液冷冻

8.1　上架

平衡、封装后的细管精液上架码放时应注意细管摆放的方向，把棉塞封口端靠近操作者，超声波封口端远离操作者，入冷冻仪时亦应如此放置。每架上放一根类似于细管的标记物，一头牛用同一颜色的标记物，便于识别。如同一架上有不同牛的细管精液，要分开码放，两头牛之间要隔开一些距离，以免混淆。

8.2　冷冻

8.2.1　全自动冷冻仪

冷冻仪是由电子计算机控制的全自动冷冻容器，可根据使用者的需要获取多条冷冻曲线。使用时首先在电脑中设置好冷冻的最佳温度曲线，冷冻仪与低温柜应尽量靠近，开启液氮罐阀门把冷冻仪降温至4℃，关闭风扇电源，待风扇完全停止后把已排满待冻细管的架子迅速放入冷冻仪，盖严盖子，按预先设定好的程序自动完成冷冻过程。

8.2.2　大口径液氮罐

a）液氮生物容器（液氮罐）应符合 GB/T 5458 的规定。

b）液氮罐温度调控主要取决于冷冻架离液氮面的距离和一次冷冻的细管数（即冷冻架的多少），

冷冻的温度一般控制在 -140℃左右，初冻温度调节至 -120℃左右，冷冻时温度回升的最高值不得高于 -90℃，整个冷冻过程控制在 8 分钟之内，此间所指的冷冻温度是细管冷冻面的温度而非细管内的温度。

8.2.3　自制的冷冻箱

用自制的冷冻箱冷冻细管时，冷冻箱的深度应在 50 厘米以上，所调控的温度值同 8.2.2。

8.3　收集

冷冻完成后，打开冷冻容器盖子，冻精按牛号投入盛满液氮的不同提筒中，细管的超声波封口端在上，棉塞封口端在下，不得倒置（以避免细管棉塞端的爆脱），并迅速浸泡在液氮中。

9　冻精解冻

预先把水浴箱水温加热至38～40℃，用镊子取一支冷冻后的细管精液迅速浸泡入38～40℃水中并晃动，待溶解后立即取出，用吸水纸或纱布擦干水珠，再用细管剪剪去超声波封口端，滴一小滴精液于载玻片上即可进行镜检。

10　冻精镜检和检验规则

10.1　镜检

镜检见7.3。镜检合格者方可进行包装。

10.2　检验规则

冻精产品的质量应由相对独立的技术人员负责检测与监督，每季度每头公牛的冻精产品型式检验不少于一次。当生产冻精的重要原材料、器件等有重大改变影响到产品质量时必须做形式检验。出站检验合格，才可作为合格品交付。

11　冻精包装

用细管计数分装机进行包装，包装应在－140℃以下的环境中进行，包装后的细管其棉塞端在塑料管的底部，不得倒置。塑料包装管的内径应均匀一致，不得用上口大、底部小的塑料管。包装好的细管精液入储存库。

12　冻精储存

冻精应储存于液氮罐的液氮中，设专人保管，每周定时加一次液氮，应经常检查液氮罐的状况，如发现液氮罐外壳结白霜，立即将精液转移入其他液氮罐内保存。包装好的冻精由一个液氮罐转换到另一液氮罐时，在液氮罐外停留时间不得超过3秒。取存冻精后要盖好液氮罐塞，在取放盖塞时，要垂直轻拿轻放，不得用力过猛，防止液氮罐塞折断或损坏。移动液氮罐时，不得在地上拖行，应提握液氮罐手柄抬起罐体后再移动。

13　冻精运输

冻精运输过程中要有专人负责，储存容器不得横倒及碰撞和强烈振动，保证冻精始终浸在液氮中。

技术规程三　牛胚胎移植技术操作规程（DB 62/T 1307—2005）

1　范围

本规程适用于甘肃省荷斯坦牛和黄牛胚胎移植的各环节。主要包括供体牛和受体牛的选择和处理、制胚、胚胎鉴定、胚胎移植、移植液和冷冻液的配制。

2　规范性引用文件

下列文件中的条款通过本规程的引用而成为本规程的条款。

GB/T 18407.3—2001 农产品安全质量　无公害畜禽产地环境要求

GB 16548—1996 畜禽病害肉尸及其产品无害化处理规程

GB 16549—1996 畜禽产地检疫规范

GB 16567—1996 种畜禽调运检疫技术规范

GB 18596 畜禽场污染物排放标准

NY 5027—2001 无公害食品畜禽饮用水质

NY/T 388 畜禽场环境质量标准

NY 5125—2002 无公害食品　肉牛饲养兽药使用准则

NY 5126—2002 无公害食品　肉牛饲养兽医防疫准则

NY 5127—2002 无公害食品　肉牛饲养饲料使用准则

NY/T 5128—2002 无公害食品　肉牛饲养管理准则

NY 5044—2001 无公害食品　牛肉

农业生物基因工程安全管理实施办法

3　术语和定义

下列术语和定义适用于本标准。

3.1　胚胎移植

胚胎移植技术是指将优秀供体牛的胚胎利用技术措施移植给普通受体牛，以实现优秀种牛的引种和快速扩繁为目的的一项新型生物工程技术。

3.2　超数排卵

利用促性腺激素提高供体牛同期滤泡发育数量和卵子数量的技术。

3.3　供体

提供成熟卵子和胚胎的优秀繁殖母牛，如荷斯坦牛和其他纯种肉牛。

3.4　受体

接受（移植）优秀胚胎的普通繁殖母牛，如低产荷斯坦牛和黄牛。

3.5　检胚

对胚胎进行质量清洗、鉴定、分级和保存的过程。

4　供体牛的选择和超数排卵

4.1　供体牛的选择

供体牛必须具备本品种的典型体征，其祖先、同胞或后代生产性能优秀，荷斯坦牛自身是产奶量、乳脂率和乳蛋白量高的优秀个体。肉牛品种必须是国内外著名的纯种肉牛。供体牛的遗传性能必须稳定、系谱清楚，体格健壮，繁殖机能正常，无遗传和传染性疾病，尤其注意牛布氏杆菌病、牛病毒性腹泻和钩端螺旋体病。经产牛作供体牛时，超排处理要在产后3个月进行，在冲卵前3～4周，肌内注射维生素AD 50万单位，维生素E 500微克。育成牛在14～18月龄时可作为供体牛实施超数排卵。选择配种的公牛必须是经过后裔测定的优秀个体。

4.2 供体牛的饲养管理

供体牛应饲喂优质饲草和饲料，补充高蛋白饲料、维生素和矿物质，并供给盐和清洁的饮水，做到合理饲养，科学管理。供体牛在采胚前后应保证良好的饲养条件，不得任意变换草料和管理程序，保持中等以上体膘。

4.3 超数排卵

供体牛的超数排卵在自然发情或诱发发情的第9～13天实施。供体牛发情当天为第0天，在发情后的第9～13天肌内注射FSH，每隔12小时，分4天减量注射，使用总剂量为FSH7.5～10毫克（中科院动物所）或300～400毫克（加拿大）。在处理的第3天同时肌内注射氯前列烯醇（ICI）0.8毫克（早晚各一次）。超排药品的剂量和比例根据不同厂家和批号须稍作调整。

4.4 供体牛的人工授精

在超排处理后，供体牛开始发情。根据供体牛的发情程度进行第一次输精，同时提前1～2小时肌内注射LH200单位，间隔12小时后再进行第二次输精，同法使用LH。

5 冲胚

第一次输精日为第0天，依次后推至第7天，用非手术法回收胚胎。

5.1 冲胚准备

供体牛在冲胚前禁水、禁食10～24小时。将供体牛保定后（前高后低），在冲胚前10分钟在第一尾椎和第二尾椎凹陷处剪毛消毒，注射2%利多卡因2～4毫升或2%静松林1.5～3毫升，进行硬膜外麻醉。准备好冲胚器械后，对外阴部进行清洗和消毒，并用卫生纸擦净。

5.2　冲胚

在供体牛尾部失去知觉后，操作人员右手持采卵管（已插入钢芯），左手食指和拇指扒开阴门插入采卵管，用左手在直肠内小心引导冲卵管，经子宫颈进入一侧子官角大弯处，抽出少许钢芯，再将冲卵管向前推至子宫角深部。根据子宫角粗细确定充气量（一般为 15 ~ 25 毫升），充气固定后抽出钢芯，进行灌流冲胚。

将吊瓶（PBS 冲卵液）挂在距外阴斜上方 80 ~ 100 厘米高处，接三通管和冲卵管，用进流开关和出流开关控制流量，每次灌注 30 ~ 50 毫升 PBS 冲卵液，单侧总量为 300 ~ 500 毫升。也可用 50 毫升一次性注射器分次注射和抽吸（剂量为 30 ~ 50 毫升），具有相同的冲排效果。另侧子官冲胚时应先重新插入钢芯和放气，将其移入另侧子官角后用同样方法冲胚。

冲胚结束后放气，将采卵管移入子宫体后，在子宫体推注抗生素（如土霉素 100 万单位或宫乳康 10 ~ 20 毫升），肌内注射氯前列烯醇（ICI）0.4 毫克，间隔 12 小时后再用 0.4 毫克。从第 2 天起，连续口服浓缩当归丸 5 ~ 10 天，每天 1 剂（200 粒），对子宫系统复原非常有利。

6　**检胚**

常用集卵法为过滤集卵杯法。过滤集卵杯直接与冲胚器械连接。冲胚结束后，将其与回收的冲卵液一起，小心移入检卵室，用注射器冲洗滤网 3 ~ 4 次，吸去杯中泡沫，置体视镜下镜检移胚。

将过滤后的冲卵液注入底部刻有方格的培养皿中，按顺序查找胚胎，用移卵管将胚胎移入另一盛 PBS 液的培养皿中。将检好的胚胎同法冲洗 2～3 次后，置 100～200 倍体视镜下进行胚胎质量鉴定。

7 胚胎质量鉴定和分级

根据受精卵的形态，色调，卵裂球或细胞团的密度和均匀度，透明带间隙清晰度等判断卵子是否受精及胚胎的发育程度。镜检时如透明带里有卵裂球时为受精卵，反之不为受精卵。

7.1 胚胎发育特征

适于胚移胚胎的胚龄为 6～8 天，相对应的胚胎发育阶段为桑椹胚至囊胚，其发育表现为：

桑椹胚　受精后第 5～6 天回收的胚胎，能观察到球状细胞团，分不清分裂球，占据透明带内腔的大部分。

致密桑椹胚　授精后第 6～7 天回收的胚胎，细胞团变小，占透明带内腔的 60%～70%。

早期囊胚　授精后第 7～8 天回收的胚胎，细胞的一部分出现发亮的胚泡腔，细胞团占透明带内腔的 70%～80%，难以分清内细胞团和滋养层。

囊胚　授精后第 7～8 天回收的胚胎，内细胞团和滋养层界限清晰，胚泡腔明显，细胞充满透明带内腔。

扩张囊胚　授精后第 8～9 天回收的胚胎，胚泡腔明显扩大，体积增至原来的 1.2～1.5 倍，与透明带之间无空隙，透明带变薄，相当于正常厚度的 1/3。

孵育胚　透明带破裂，细胞团孵出透明带。

7.2 胚胎分级

胚胎一般分为 A、B、C、D 四级，其中 A、B 和 C 级为可用胚胎，D 级胚胎无利用价值。

A 级胚胎　胚胎发育阶段与胚龄一致。胚胎形态完整，轮廓清晰呈球形，分裂球大小均匀，胚细胞结构紧凑，透明度好，无附着细胞和泡液。

B 级胚胎　胚胎发育阶段与胚龄基本一致。胚胎轮廓清晰，色调和细胞密度良好，可见一些附着细胞和泡液，变形细胞约占 10% ~30%。

C 级胚胎　胚胎发育阶段与胚龄不太一致。胚胎轮廓不清晰，色调较暗，结构较松散，游离细胞和泡液较多，变形细胞约占 30% ~50%。

D 级胚胎　未受精卵、16 细胞以下的受精卵、有碎片的退化卵和细胞变形等属 D 级，不能作为胚移胚利用。

8　胚胎保存

胚胎经分级鉴定后，根据胚移条件进行常规保存（鲜胚移植）和冷冻保存。常规保存法实用于鲜胚保存和移植。冷冻保存适用于规模化生产胚胎和鲜胚移植剩余胚胎。胚胎冷冻保存的方法有一步法和分步法。现多用一步法。

8.1　一步保存法及其程序

冷冻保存液为含 10% 甘油（或 10% 乙二醇）的 PBS 液，将胚胎在基础液（PBS + 10% BSA 冲卵液）中洗涤 5 ~ 10 次，在 10% 甘油（或 10% 乙二醇）第 1 液中平衡 5 分钟，在 10% 甘油（或 10% 乙二醇）第 2 液中平衡 10 分钟后装管。

胚胎装管方法　将平衡好的胚胎用 0.25 毫升麦管（细管）装管备用。3 段法装管的顺序是：3 厘米 12.5% 蔗糖 PBS 液、0.5 厘米气泡、1.0 厘米 10% 甘油（或 10% 乙二醇）PBS 液（含胚胎）、0.5 厘米气泡、2 厘米 12.5% 蔗糖 PBS 液。用封口塞、封口粉或热封法将开口端封口。胚胎麦管备好后，按程序进行冷冻。

胚胎冷冻步骤　将胚胎麦管直接浸入胚胎冷冻仪的液氮浴桶内，以 1℃/分钟的速度从室温降至 -7℃，置 5 分钟后植冰，停留 10 分钟，再以 0.3℃/分钟的速度降至 -35℃，停留 10 分钟后，直接投入液氮，长期保存。

8.2 分步保存法及其程序（慢速冷冻方法）

将胚胎在基础液（PBS + 10% BSA 冲卵液）中洗涤 5 ~ 10 次，在冷冻保存液（1.5 摩尔/升蔗糖乙二醇冷冻液）中平衡 5 分钟，3 段法装管。本操作在室温下操作（20℃）。装好后直接冷冻。

胚胎装管方法 3 段法装管的顺序是：3 厘米 1.5 摩尔/升蔗糖乙二醇冷冻液、0.5 厘米气泡、1.0 厘米 1.5 摩尔/升蔗糖乙二醇冷冻液（含胚胎）、0.5 厘米气泡、2 厘米 1.5 摩尔/升蔗糖乙二醇冷冻液。用封口塞、封口粉或热封法将开口端封口。

胚胎冷冻步骤①以 1℃/分钟从室温降至 -6 ~ -7℃，平衡 5 分钟后植冰，在 -6 ~ -7℃下继续停留 5 分钟；②植冰后以 0.3 ~ 0.6℃/分钟的速率降至 -35℃，平衡 5 分钟后取出胚胎细管，直接投入液氮中保存。

8.3 鲜胚保存法及其程序

对于直接利用的新鲜胚胎，按照下述方法平衡和装管。

将胚胎在基础液（PBS + 10% FCS 冲卵液）中洗涤 5 ~ 10 次后，仍在基础液中平衡 5 ~ 10 分钟，3 段法装管。本操作在室温下操作（20℃）。

胚胎装管方法 3 厘米基础液、0.5 厘米气泡、1.0 厘米基础液（含胚胎）、0.5 厘米气泡、2 厘米基础液。用封口塞、封口粉或热封法将开口端封口。装管后的胚胎须在 3 ~ 6 小时内完成移植，否则，应尽快按照第 8.1 节或第 8.2 节所述方法及时冻存。

8.4 胚胎麦管标记方法

对各种胚胎麦管均应建档登记和仔细标记。存档资料包括胚胎系谱、麦管代码、保存方法和应用方向。胚胎麦管标记包括序列号、父本、母本、胚胎发育期和级别及数量、胚胎生产单位和胚胎生产日期等，为胚胎应用提供全套信息。

9　胚胎解冻

从液氮罐中取出胚胎麦管，在空中停留 1 秒，投入 36～38℃水浴中停留 10 秒后备用。

9.1　一步保存法胚胎的解冻和移植

拿稳胚胎麦管棉塞端，将麦管向下甩几次，使蔗糖液和冷冻液混合，在 5～8 分钟内完成移植。

9.2　分步保存法胚胎的解冻和移植

将麦管中液体和胚胎推入 1 摩尔/升蔗糖液解冻液中平衡 5 分钟，在胚胎保存液（PBS + 10% BSA 冲卵液）中洗涤 5～6 次后 3 段法装管移植（3 段移植液均用胚胎保存液）。此法处理的胚胎在 30～45 分钟内要移入受体牛。

10　胚胎移植操作液的配制

10.1　基础液（PBS）的配制

基础液（PBS）的配制方法和剂量见下表。使用前各取 500 毫升 A、B 液，缓慢加入 1 000 毫升容量瓶中混匀。取其中 100 毫升配制 C 液后用 0.22 微米滤器过滤到容量瓶中备用。配成基础液的 pH 值 7.1～7.3，渗透压为 100～290 毫渗（mosm）。

基础液的原料均为分析纯级，对胚胎无害。水为超纯水（欧姆值 18.2）或无热源超纯水。器皿要严格清洗和消毒。血清必须灭活（犊牛血清 BSA 或胎牛血清 FCS）。

基础液可作为冲卵液使用。含 10% BSA 的基础液为移植液（或保存液）。

10.2　10% 甘油的 PBS 胚胎冷冻液

在基础液中加入 10% 的甘油成。

10.3　12.5%蔗糖的PBS胚胎冷冻液

在基础液中加入12.5%的蔗糖。

10.4　10%乙二醇的PBS胚胎冷冻液

在基础液中加入10%的乙二醇。

10.5　1.5摩尔/升蔗糖乙二醇冷冻液

在0.1摩尔/升蔗糖PBS液中加入适量乙二醇。

10.6　1摩尔/升蔗糖解冻液

在基础液（PBS+10%BSA冲卵液）中加入适量蔗糖。

11　胚胎移植

11.1　受体牛的选择和同期发情

11.1.1　受体牛的选择

受体牛要体躯高大，繁殖性能和健康状况良好。首先应无繁殖疾病，无传染病（主要是布氏杆菌病、病毒性腹泻和钩端螺旋体病），无流产史，前胎无难产和助产情况及胚胎移植不孕史；其次应有2个以上的发情周期，自身健康，膘情7成以上，经产牛分娩后在90天以上，育成牛达到16月龄以上且体重达到成年母牛体重的75%以上；第三是年龄为3~6岁，产犊性能和泌乳性能良好，性情温驯，子宫弹性、厚薄正常，黄体质量达到A、B级。根据受体牛的数量确定供体牛的数量，比例为10∶(1~2)。

11.1.2　受体牛的同期发情

受体牛的同期发情方法较多，其中最常用的是前列腺素法。给直检黄体发育良好的处于发情周期黄体期的受体牛肌内注射氯前列烯醇（ICI）0.8毫克，分早晚两次注射。受体牛肌内注射氯前列烯醇的时间比供体母牛提前0.5~1天。受体牛发情后要通过直检确认卵泡状态和是否排卵，发情36小时后排卵的牛不能用作受体。

11.2　受体母牛黄体发育水平

受体母牛在胚移前应进行黄体发育水平检查，达到一级和二级发育水平的才能进行胚胎移植。黄体发育程度判定条件如下：

一级黄体　黄体形态和发情天数一致，黄体呈乳头状突出于卵巢表面。黄体直径2.0厘米左右，约拇指大小，呈软肉状，排卵点火山口状突起明显。

二级黄体　黄体形态和发情天数基本一致。黄体直径1.5厘米左右，约中指肚大小，呈硬肉状，排卵点突起较明显。

三级黄体　黄体直径1.0厘米左右，手摸约小拇指大小，硬而突起不明显。

黄体发育不良的母牛应及时淘汰。

11.3　胚胎移植

对受体牛进行直检，根据黄体发育水平确定能否移植胚胎。可移受体牛在移植前应进行硬膜外麻醉。清洁和消毒处理（方法同供体牛）。

胚移时，操作人员用左手扒开外阴，右手用力将移植器插入阴道。将左手伸进直肠，移植器到子宫颈口时，右手用力拉住移植器外套膜游离端并用移植器捅破外套膜后插入子宫颈。左手在直肠内诱导，使枪头轻稳插入黄体侧子宫角至大弯处，用右手推注胚胎后，缓慢旋转抽出移植枪。

12　妊娠诊断

通过早期妊娠诊断，可及早确定胚移效果，安排下一步饲养管理工作。早期妊娠诊断的方法有孕酮测定法（放射免疫测定RIA和酶联免疫测定ELISA）、直检测定法和B超测定法。乳汁孕酮测定法在奶牛业中应用较广，B超测定因直观准确，将越来越受欢迎。在生产中最常用的是直检测定法。前两法可对21～35日龄的胚胎做出准确诊断，直检法最早的有效诊断时间是青年牛 5 周，成年牛 6 周，次后，还需在第 60d 和第 90d 时复查确诊。

技术规程四 规模化牛场布鲁氏杆菌病的诊断、净化与防控

布鲁氏杆菌病是由布鲁氏杆菌引起的重要的人畜共患慢性传染病。凡是养牛的地区均有不同程度的流行和感染，每年因此造成巨大的经济损失，严重影响养牛业的持续发展，威胁着人类的健康。由于规模化牛场集中饲养，如有个别发病没有及时隔离，便会很快蔓延全群，如果不能有效地控制和消灭，不仅会造成严重的经济损失，更会导致严重的社会公共卫生问题，近年来，随着部分地区畜间布鲁氏杆菌病阳性检出率的上升和人间病例的不断增加，我国布鲁氏杆菌病疫情加重，布鲁氏杆菌病防控形势愈来愈严峻。所以规模化牛场布鲁氏杆菌病的净化、防控极其迫切、尤为重要。

1 布鲁氏杆菌病的诊断

1.1 病原

布鲁氏杆菌属已发现的有 9 个种：牛种、羊种、猪种、犬种、绵羊种、沙林鼠种、鲸种、鳍足种和田鼠种，其中羊种、牛种和猪种布鲁氏杆菌的毒力和致病力较强，几乎所有的哺乳动物都易感布鲁氏杆菌病。引起牛布鲁氏杆菌病的病原多为牛种布鲁氏杆菌和羊种布鲁氏杆菌。

布鲁氏杆菌属是无芽孢的革兰氏阴性球杆菌或短棒状杆菌，可被碱性染料着色，革兰氏染色为阴性红色，柯兹罗夫斯基染色为红色，可作为其鉴别染色。

布鲁氏杆菌在自然环境中具有相当强的抵抗力，在直射阳光

下可存活4小时，但此菌对湿热的抵抗力不强，60℃加热30分钟或70℃加热5分钟即被杀死，煮沸立即死亡。该菌对消毒剂的抵抗力也不强，2%石碳酸、来苏尔、火碱溶液、5%新鲜石灰乳、2%福尔马林作用1~3小时，0.5%洗必泰或0.01%的消毒净或新洁尔灭作用5分钟即可杀死该菌。

1.2 流行病学

人和多种动物均易感。动物中羊、牛、猪的易感性最强，母畜比公畜、成年畜比幼年畜发病多，牛种布鲁氏杆菌还可感染犬、马等家畜和野生动物及人。布鲁氏杆菌病可全年发生，但有一定的季节性、牛种布鲁氏杆菌病春、夏季发病率高些。

布鲁氏杆菌病可通过消化道、呼吸道、生殖道、破损的皮肤、黏膜等各种途径感染。病畜和带菌动物主要通过流产物、精液和乳汁排菌污染环境。感染的妊娠母畜最危险，它们在流产或分娩时，大量的菌随胎儿、羊水、胎衣排出而污染周围环境，流产后3年内阴道分泌物仍带菌。

1.3 临床特征

该病潜伏期较长，一般为14~180天，多为隐性感染。该病常发地区，多为慢性，不呈显性经过，而一旦侵入清净区，则几乎都取急性经过，在妊娠牛群中常暴发流行。母畜中以头胎发病较多，可占50%以上，多数母畜只发生1次流产。老疫区发生流产的较少，但子宫炎、乳房炎、关节炎、局部脓肿、胎衣不下、久配不妊者较多。母牛除流产外，其他症状常不明显。流产多发生在妊娠后第5~8个月，产出死胎或弱胎。流产后可能出现胎衣不下或子宫内膜炎。流产后阴道内继续排褐色恶臭液体。公牛发生睾丸炎并失去配种能力，有的发生关节炎、淋巴结炎等。

1.4 病理变化

胎盘呈淡黄色胶冻样浸润，表面有絮状物和脓性分泌物，胎膜肥厚且有点状出血，胸腔、腹腔积有红色液体，脾脏及淋巴结肿大并有坏死灶，胃内有絮状黏液性渗出物。妊娠牛子宫黏膜和绒毛膜之间有淡灰色污浊渗出物和脓块，绒毛膜上有出血点。

1.5 诊断

根据流行病学、临床症状和病理变化可以做出初步诊断，但确诊需根据 GB/T 18646—2002《动物布鲁氏杆菌病诊断技术》作病原鉴定和血清学检测。

1.5.1 病原鉴定

1.5.1.1 样品采集 流产胎衣、肝、脾、淋巴结等组织。

1.5.1.2 显微镜检查制成抹片，用柯兹罗夫斯基染色法染色，镜检，布鲁氏杆菌为红色球杆状小杆菌，而其他菌为蓝色。

1.5.1.3 分离培养细菌 用新鲜病料在培养基上培养，标本中必须存在大量活菌才能分离到该菌，培养细菌的周期长，因此在布鲁氏杆菌病的检测中已经逐渐被淘汰。

1.5.1.4 其他方法 新发展的分子生物学方法有 PCR、基因检测技术、荧光探针分析法等。

1.5.2 血清学检测

1.5.2.1 样品采集血清、牛乳等。

1.5.2.2 琥红平板凝集试验（RBPT） 这是布鲁氏杆菌病监测的常用方法。在玻璃板上均匀划 4 厘米正方形的小格，将被检血清与诊断抗原各 30 微升在玻璃板上混匀，如果 4 分钟内出现肉眼可见凝集现象者判为阳性（+），无凝集现象，呈均匀粉红色者判为阴性（-）。

1.5.2.3 试管凝集试验（SAT） 试管凝集试验的具体规定标准如下：牛血清 1：100 稀释度（含 1 000 国际单位/毫升）

出现50%（++）凝集现象时，判定为阳性反应；1∶50稀释度（含50国际单位/毫升）出现50%（++）凝集时，判定为可疑反应。可疑反应的牛，经3～4周后重新采血检验，如仍为可疑反应，则判定为阳性。

1.5.2.4　全乳环状试验（MRT）　这是布鲁氏杆菌病监测的主要方法。焦兰芬等通过对比试验证明．MRT与RBPT 2种方法检测，结果基本相符。由于全乳环状试验具有操作简单、判定方便的优点，因此可以作为布鲁氏杆菌病检测的初步筛选方法，在奶牛的布鲁氏杆菌病检测中可大面积推广。但为了防止奶牛患隐性乳房炎而出现假阳性反应，需采血作琥红平板凝集试验作对照，确定阳性的，再作试管凝集试验或补体结合试验复检，以保证检测的准确性。

1.5.2.5　补体结合试验（CFT）　补体结合试验至今仍是布鲁氏杆菌病的重要诊断方法，是牛、羊等布鲁氏杆菌病诊断的国际贸易指定试验，作为确诊试验用。

1.5.2.6　酶联免疫吸附试验（ELISA）　该方法与CFT效果相当，操作更方便，既可以作为确定试验，又可以作为筛选试验。用于牛种布鲁氏杆菌病的ELISA是国际贸易指定试验，不但用于向清学诊断，还可用于乳汁检查。

2　牛布鲁氏杆菌病的监测、净化

2.1　监测、净化方案及路线

母牛场必须100%监测，不得抽检。凡检出阳性牛的牛群为布鲁氏杆菌病污染牛群。连续2次全群监测都是阴性为净化牛群。如在牛布鲁氏杆菌病净化群中（包括犊牛群）检出阳性牛时，应及时扑杀阳性牛，其他牛按假定健康群处理。

根据母牛场的监测情况，将母牛场分为以下4个种群：

未控制牛群：有疫情发生或阳性率≥0.5%

控制牛群：连续 2 年无临床病例，且阳性率 <0.5%

稳定控制牛群：无临床病例，连续 2 年阳性率 <0.1%

净化群：无临床病例，连续 2 年监测无阳性牛

未控制牛群、控制牛群、稳定控制牛群都为污染牛群，应反复监测，每次间隔 3 个月，发现阳性牛及时扑杀。污染牛群连续 2 次全群监测都为阴性可按照净化牛群处理。净化群每年春、秋各进行 1 次监测。凡连续监测结果均为阴性者，仍是净化牛群，如果监测一旦出现阳性牛按照污染牛群处理。

2.2　净化

2.2.1　阳性牛的处理

确诊为阳性牛后将患病动物及其流产胎儿、胎衣、排泄物、乳等进行无害化处理。阳性牛要立即采取无血扑杀，进行无害化处理（焚烧、深埋）。检出阳性牛的牛群应进行反复监测，每次间隔 3 个月，发现阳性牛及时处理。

2.2.2　可疑牛的处理

可疑牛要立即隔离，限制其移动。用实验室方法进行诊断，若仍为可疑视同阳性牛处理。可疑牛确诊为阴性的，不要立即混入原群，隔离 1 个月之后再检测为阴性方可混群。

2.2.3　环境、污染物的处理

牛群众检出阳性牛进行无害化处理后，对病畜和阳性畜污染的场所、用具、物品进行严格消毒。饲养场的金属设施、设备可采取火焰、熏蒸等方式消毒。养畜场的圈舍、场地、车辆等可用 5% 来苏尔、10% ~20% 石灰乳或 2% 氢氧化钠等进行严格彻底消毒；流产的胎儿、胎衣应在指定地点深埋或烧毁，不要随意丢弃，以防病菌扩散。处理流产牛后的用具、工作服用新洁尔灭或来苏尔水浸泡。饲养场的饲料、垫料可采取深埋发酵处理或焚烧处理；粪便采取堆积密封发酵方式或其他有效的消毒方式。

3　布鲁氏杆菌病的防控

尽早发现、控制、消灭传染源，切断传播途径是所有疫病防控的根本。牛场布鲁氏杆菌病净化工作是一项艰巨的任务，应采取综合防控措施。必须坚持“预防为主”的方针，除了建立健全相关的规章制度，加强饲养管理，改善卫生条件以外，还要采取“监测、检疫、扑杀、无害化处理”相结合的综合性防控措施，最终将所有牛群变为净化群。

3.1　分群防控

净化牛群以主动监测为主；稳定控制群以监测净化为主；控制群和未控制群实行监测、扑杀和免疫相结合的综合防控措施，要控制未控牛群，压缩控制群，稳定扩大净化群。

3.2　监测

所有的母牛、种公牛每年应进行至少2次血清学监测，覆盖面要达到100%，不得实施抽检。污染牛群要连续反复监测，每3个月检1次。净化群每年2次，春、秋检疫。检出阳性牛要立即扑杀并无害化处理。

3.3　检疫

牛场最好自繁自养、培育健康幼牛，如果必须引种或从外地或当地调运母牛或种公牛时，必须来自于非疫区，凭当地动物防疫监督机构出具的检疫合格证明调运。动物防疫监督机构应对调运的牛进行实验室检测，检测合格后，方可出具检疫合格证明。调入后应隔离饲养30天，并做好检疫工作，确认健康后经当地动物防疫监督机构检疫合格，方可解除隔离，同群饲养。引进精液、胚胎也要严格实施检疫。

3.4　净化

阳性牛要立即扑杀并无害化处理，如不及时处理阳性牛只能是进一步扩散病原，给后来的净化工作带来更大困难，检而不杀将会造成更大损失。并应禁止出售阳性牛及其肉、奶等相关产品。

3.5　消毒

牛场要做好定期、临时和日常的消毒，以达到灭源的目的。选2～3种消毒剂交替使用对场地、栏舍、用具、进出口、车辆、排泄物等进行彻底消毒，切断传染途径，防止各种疫病的传播和扩散。可用0.1%新洁尔灭、0.3%过氧乙酸、0.1%次氯酸钠定期进行带牛环境消毒。

3.6　日常管理

要健全制度，并认真实施。非生产人员进入生产区，需穿戴工作服经过消毒间，洗手消毒后方可入场。饲养员每年体检，发现患有布鲁氏杆菌病的及时治疗，痊愈后方可上岗。牛场不得饲养其他畜禽。提高饲养管理水平，从而保证牛群的健康，增强体质，提高抗病力。

3.7　加强培训

加强养殖人员的培训，提高对动物疫病危害、防控的认识，提高防控水平，培养员工自觉地按动物防疫要求搞好各项防疫工作，自觉地落实各项防控措施，这是牛场防控疫病的有力保证。

技术方案一　肉用母牛规模化健康养殖关键技术措施

健康养殖是一种带有以畜为本、动物福利观念的养殖概念，它把现代畜牧业的四大支柱——遗传育种、动物营养、家畜环境工程和兽医防疫等最先进的养殖科学技术，与动物的生理、行为要求有机地结合在一起，体现了动物与自然的和谐。发展畜牧业不仅要保持动物的健康状态，更要追求畜产品的最佳生产状态，而健康养殖正是人类考虑到与动物和谐相处，以畜为本，在其最佳心理、生理状态下高效、优质生产畜产品的最佳模式。从引种繁育、疫病防治、动物营养、环境工程等方面实施肉牛母牛的健康养殖技术，既保证牛群的健康，又能提高繁殖效率，生出健康优质的牛犊。肉牛母牛规模化健康养殖关键技术在推动具有可持续性的生态标准化养殖方面发挥重要示范带动作用，能够推进我国集约化、规模化肉牛养殖业的健康发展。

1　繁殖育种

1.1　建立健全母牛个体档案

肉牛母牛个体档案的主要内容包括：户（场）名、编号、品种（杂交牛标明主要父本和主要母本）、体重、体尺（包括体高、十字部高、体斜长、胸围、腹围、管围）、出生年月、胎次、配种时间、预产日期、与配公牛品种及编号、产犊时间、性别、出生重、犊牛编号、规定疫病检免疫时间、产科病病史。

按现代管理模式运行的母牛场，可采用现代信息采集技术，对母牛场各种个体参数、环境参数等饲养管理信息存入计算机数据库作为饲养管理的基础信息，对这些基础信息数据的变化规律进行分析，可进行母牛发情监测、生产性能及生理健康状况检测，后裔谱系自动跟踪。

1.2　肉牛经济杂交模式的筛选优化

对肉牛品种及主要杂交群体的遗传背景进行评估，筛选优秀的经济杂交配套模式，使杂交后代发挥更大的生产潜能和经济优势。在选种的基础上，向着一定的育种目标，按照一定的繁育方法，根据公母牛自身品质、体质外貌、生长发育、生产性能、年龄、血统和后裔表型等进行通盘考虑，选择最合理的配种方案，最终获得更为优秀的后裔牛群。

1.3 实施母牛繁殖标准化技术

组装、示范母牛标准化繁殖所需要的诱导发情、提前妊娠、隐性子宫炎诊治和母牛带犊繁育技术，提高母牛繁殖效率，缩短母牛繁殖周期，可降低饲养成本，大大提高养殖效益。

2 饲养与营养

根据母牛的生物学特性和行为特点，选择合适的肉牛母牛福利规模化饲养模式，建立符合本场实际的母牛福利养殖工艺，制订标准化的饲养程序。

2.1 在饲养管理中应充分考虑牛母牛的生物学特性和行为特点

2.1.1 牛的特殊消化活动

由于牛是靠舌将饲料卷入口中，又不经过仔细咀嚼，因此，当饲料中混有铁钉、铁丝、玻璃渣等异物时，很容易吞咽到胃内，由于重力的作用，这些异物易在网胃中沉积，由于网胃的剧烈收缩，易造成创伤性网胃炎，甚至引起创伤性心包炎，危及牛的生命。当牛吞入过多的塑料薄膜或塑料袋时，会造成网－瓣胃孔堵塞，严重时会造成死亡。饲喂块根饲料时要注意不要太大、过圆，最好切成片或铡碎后饲喂，否则容易引起食道堵塞。

2.1.2 犊牛的食管沟反射

在早期犊牛阶段，瘤胃功能还没有发育，所以犊牛不具备消化饲料的能力。

犊牛在吸吮母牛乳头或用奶嘴吸吮液体饲料时，能反射性地引起食管沟两侧的唇状肌肉收缩卷曲，使食管沟闭合成管状，形成食管沟闭合反射。在用桶、盆等食具给犊牛喂乳时，由于缺乏对口腔感受器的吮吸刺激作用，食管沟闭合不完全，往往有一部分乳汁流入瘤胃和网胃，经微生物作用发酵、产酸，造成犊牛的消化不良。所以新生犊牛在喂乳时，应使用特制奶壶，以刺激口腔，产生食管沟反射。虽然成年牛的食管沟失去完全闭合能力，生产中，为减少药物被瘤胃微生物分解，影响药效，常利用食管沟反射的这一功能给成年牛投药，可使部分药液直接进入瓣胃和皱胃。

2.1.3　生殖生理特点

母牛在发情持续期，表现为性冲动，兴奋，食欲减退。接受爬跨，被爬时站立不动，臀部向后低，举尾，交配欲强烈，尾根屡屡抬起或摇摆，频频排尿，外阴充血、肿胀，分泌黏液等。在拴系中的母牛则表现两耳竖立，不时转动倾听，眼光锐敏，手拨尾根时无抵抗力。母牛发情持续期平均为 18 个小时，变化范围 6～30 小时，一般认为在母牛开始发情后 16～18 小时输精，受胎率较高。母牛发情时出现相互爬跨的情况大部分时间集中在晚上，在掌握输精时间时应充分考虑到这一特点。

2.1.4　牛群的优势序列

规模化牛场一般采用分群管理。同一牛群中，由于年龄、体型大小、体质强弱等因素，不同个体所处的地位不同，比较强壮的牛占据统治地位，在采食、饮水过程中有优先权，而较弱的牛则处于被欺负的地位。在牛群中，每一头牛都有自己的相应等级位置，这就是牛群的优势序列。一个牛群的优势序列是通过一段时间的相互接触和争斗形成的，一旦形成一般不会轻易改变。因此，在牛的饲养管理中应尽量将年龄、体况等方面比较接近的牛放在一个群内，以免明显处于弱势的牛总是处于被压制的状态而影响其健康和生产性能。牛群不宜轻易变动，因为变动牛群意味着旧的优势序列被打破，而建立新的优势序列需要一定的时间，且在新的优势序列建立的过程中，牛群是不稳定的。牛群也不宜过大，因为过大的牛群建立优势序列所需的时间长，序列复杂，也更容易发生变化。

家畜认识记忆同伴及相互关系的能力是有限的，如果组群过大超出牛的这种认知能力，少数强者企图占领较大地盘而会频繁活动甚至不断攻击其他牛，弱牛则躲避到角落里，必然造成牛群的争斗次数或频率增加。

2.2　在配制日粮时要充分考虑瘤胃的消化与代谢特征

牛的日粮组成与瘤胃微生物区系和发酵活动有密切关系，不同的日粮结构，在瘤胃中将有不同的微生物种类和组成比例相适应，各种细菌为饲料的分解提供各种不同的酶，负担不同的消化机能。日粮一旦变更，瘤胃微生物也随之变化，若突然更换日粮，会造成瘤胃微生物不相适应，降低发酵强度，影响各种饲料的消化吸收率，甚至引起消化道疾病。

牛食入粉碎得过细的谷实，发酵得过快，在瘤胃内大量分解并产生乳酸，使瘤胃 pH 值下降到 6 以下，这样会抑制纤维分解菌的消化活动，致使消化功能障碍；大量乳酸使瘤胃黏膜受损，乳头变厚，降低了胃黏膜的吸收能力，严重者消化功能紊乱，食欲废绝、脱水、下痢、瘤胃膨胀，甚至死亡。精饲料在粉碎时宜大不宜小，如玉米的粉碎，颗粒直径以 2～3 毫米为宜。有条件的情况下可以采用压扁、制粒、膨化等加工工艺。

2.3　优化设计饲料配方

通过优化设计饲料配方，因地制宜，科学选择当地便于获得的质优价廉的饲料原料，配制出适用于不同生理阶段牛只使用的全混合日粮（TMR）系列配方。把母牛饲料的加工调制、搅拌混合、送料喂料连成一体化，实现针对不同阶段牛群饲养的自动化、定量化、营养均衡化，克服传统饲养方法中的精粗分开、营养不均衡、牛只挑食、难以定量的难题。

用 TMR 饲养方式时，与 TMR 饲养技术相配套的基础设施建设和改造工作一定要到位。在对现有母牛场的运动场、补饲设施、牛棚等进行更新改造时，要结合本场的实际情况进行应用设计，因地制宜进行部分调整，否则会造成资金的大量投入。新建母牛场在牛场建筑与牛舍环境控制上要规划设计合理，布局规范，便于管理。应用 TMR 技术要注意饲料混合均匀度，在生产 TMR 日粮时，要选择合适的混合设备，将牛日粮中的粗饲料、青多汁饲料、糟类和精饲料精确配料、混合搅拌均匀，这样可提高饲料的利用率。

2.4　建立科学的母牛带犊体系

结合犊牛的生长发育特点及母牛的产后生殖生理特点，针对肉牛母牛带犊体系饲养技术的特殊性，将传统的饲养技术同现代饲养技术综合配套，建立母牛带犊体系，解决母牛带犊体系中妊娠阶段补饲及产后母牛饲养管理等各方面易出现的问题，推行犊牛代乳料的使用及早期犊牛补饲技术等，依据犊牛生产方向的不同确定不同的饲养方案。通过母牛带犊体系的建立，易于管理，能充分利用母牛的母性和泌乳潜力，提高犊牛的抗病能力，减少犊牛肠道疾病的发生，又不影响母牛的发情配种。

3　疾病防治及重大疫病监测

3.1　健全兽医卫生防疫设施

牛场四周需建设围墙、防疫沟，并建有绿化隔离带。养殖场应有车辆消毒池、更衣消毒室、兽医室、隔离区、病死牛无害化处理设施等兽医防疫设施。生产区、生活管理区、隔离区严格隔离，生产区前后出入口设人员更衣、消毒室。

3.2　制订牛群健康标准

应结合当地的气候条件、地理环境、饲料及饲养管理等条件制订当前和长远的健康标准。一般应达到如下目标：全年死淘率在 3% 以下；全年怀孕母牛流产率不超过 6%；全群产犊间隔不超过 14 个月。

3.3 坚持布氏杆菌病的检测与净化

布氏杆菌病分布很广，严重损害人畜的健康，也是在公共卫生方面意义很大的疾病。本病菌侵袭力和扩散力很强，不仅能从损伤的黏膜、皮肤侵入机体，还能从正常的皮肤、黏膜侵入机体，一定要坚持布氏杆菌病的检测与净化，在易感地区进行防疫。

3.4 做好隐性子宫内膜炎的检测与防治

患隐性子宫内膜炎的母牛常不表现临床症状，子宫无肉眼可见的变化，直肠检查及阴道检查也查不出任何异常变化；病牛食欲不振，精神稍差，体温稍升高（39.5～40.2℃）或正常。直肠检查时发现子宫复旧差，子宫体、子宫角弛缓，其中有液体，有时病牛卧地后阴门流出少量黄白色黏稠分泌物。病牛尾根、阴门附近粘有少量黏液。这类病牛发情期正常，但屡配不孕，发情时子宫排出的分泌物较多，有时分泌物略微浑浊。应用含硫氨基酸诊断方法和硝酸银试验法进行隐性子宫内膜炎的快速诊断，对阳性牛的子宫黏液取样进行细菌学分析，通过药敏试验选择合适的抗生素治疗隐性子宫内膜炎。

4 环境工程控制

4.1 牛场的规划与布局要因地制宜

母牛场的建设必须按照母牛的生理特点、生活习性和对环境条件的要求，结合企业发展规划、饲养规模、机械化程度、物料流动，综合安排、合理布局，搞好选址、设计和施工；既防止周围环境对牛场的污染，又防止牛场对周围环境造成污染。

4.2 牛舍设计与建筑要符合母牛的行为特点

尤其是保暖、通风、降温设施，运动场，兽医室，保定架，牛床，地面。

4.3 环境污染及其治理

新建牛场必须经过环境评估，确保牛场建成后不污染周围环境，周围环境也不污染牛场。在养殖区采用干式清粪、固液分离、雨污分离等措施，粪便处理以高温堆肥处理为主，液体尿污采用田园利用技术模式，使养殖粪污减量化、资源化、无害化、生态化，处理后施入大田，改良土壤，增加土壤有机质含量，改善农业生态环境，促进种植业、养殖业的可持续良性发展。场区绿化覆盖率不低于30%。

4.4 牛场气味控制措施

吸附法比较适于低浓度（小于5毫克/升）有害气体的处理，常用的方法是向粪便或舍内投放吸附剂来减少气味的散发。常用的吸附剂有沸石、锯末、膨润土、薄荷油、蒿属植物等。化学除臭剂可通过化学反应（如氧化）作用把有味的化合物转化成无味或较少气味的化合物。除了通过化学作用直接减少气味外，一些氧化剂还起杀菌消毒作用。绿化带可以阻留净化25%~40%的有害气体和吸附35%~67%的粉尘，使恶臭强度下降50%。

[1] 莫放，李强，等. 2011. 繁殖母牛饲养管理技术［M］. 北京：中国农业大学出版社.

[2] 徐照学，兰亚莉. 2005. 肉牛饲养实用技术手册［M］. 上海：上海科学技术出版社.

[3] 魏成斌，等. 2010. 建一家赚钱的肉牛养殖场［M］. 郑州：河南科学技术出版社.

[4] 曹兵海，杨军香，等. 2012. 肉牛标准化养殖技术图册［M］. 北京：中国农业科学技术出版社.

[5] 王居强，闫峰宾. 2012. 肉牛标准化生产［M］. 郑州：河南科学技术出版社.

[6] 殷元虎，等. 2007. 肉牛标准化生产技术周记［M］. 哈尔滨：黑龙江科学技术出版社.

[7] 罗晓瑜，刘长春. 2013. 肉牛养殖主推技术［M］. 北京：中国农业科学技术出版社.

[8] 刘强，闫益波，王聪. 2013. 肉牛标准化规模养殖技术

［M］. 北京：中国农业科学技术出版社.

［9］闫益波，张喜忠，王栋才. 2013. 奶牛标准化规模养殖技术［M］. 北京：中国农业科学技术出版社.

［10］熊本海. 2005. 奶牛精细养殖综合技术平台［M］. 北京：中国农业科学技术出版社.

［11］桑润滋，等. 2009. 牛羊繁殖控制十大技术［M］. 北京：中国农业出版社.

［12］桑润滋. 2006. 动物繁殖生物技术［M］. 北京：中国农业出版社.

［13］王家启，等. 2008. 肉牛高效饲养技术［M］. 北京：金盾出版社.

［14］许尚忠，魏伍川，等. 2002. 肉牛高效生产实用技术［M］. 北京：中国农业出版社.

［15］岳文斌，等. 2006. 奶牛规模养殖新技术［M］. 北京：金盾出版社.

［16］宋恩亮，李俊雅. 2012. 肉牛标准化生产技术参数手册. 北京：金盾出版社.

［17］王淑娟，宋晓晖，孙成友，等. 2012. 规模化奶牛场布鲁氏杆菌病的诊断、净化、防控［J］. 中国畜牧杂志，48（22）：42－46.

［18］李新社. 2013. 肉牛双胎繁育技术及应用展望［J］. 中国牛业科学，16（4）：62－63；66.

［19］单冬丽. 2009. 奶牛早期妊娠诊断方法的研究及应用［J］. 中国牧业通讯，（24）：6－7.

［20］钟旭，薛立群，田建晖. 2011. 妊娠相关糖蛋白（PAG）在奶牛早期妊娠诊断上的应用现状［J］. 中国畜牧兽医，38（11）：140－143.

[21] 权凯，张改平，杨苏珍，等. 2010. 应用 EPF 抗血清进行奶牛超早期妊娠诊断的研究 [J]. 中国畜牧杂志，46 (5)：16 – 19.

[22] 刘杰，马子馗，孙海峰. 2006. 犊牛的生物学特性与饲养管理 [J]. 黑龙江动物繁殖，14 (4)：27 – 28.

[23] 王秀清，韦人，陈玲，等. 2011. 规模奶牛场养殖档案的建立和管理 [J]. 中国奶牛，(21)：46 – 48.

[24] 韦人，许凤霞，徐桂云，等. 2012. 规模奶牛场医疗垃圾及病死牛处置方法 [J]. 中国畜牧业，(9)：61 – 62.

[25] 凌东，韦冬松，顾成. 2011. 奶牛繁殖标准化生产的主要操作 [J]. 养殖技术顾问，(8)：60.

[26] 郭宪，阎萍，梁春年，等. 2009. 肉牛双胎技术的研究与应用 [J]. 中国畜牧杂志，(增刊)：240 – 243.

[27] Sinclair K D, Kuran, M, Gebbie, F E, et al., 2000. Nitrogen metabolism and fertility in cattle：Ⅱ. Development of oocytes recovered from heifers offered diets deffering in their rate of nitrogen release in the rumen [J]. Anim. Sci. 78, 2 670 – 2 680.

[28] Reis A, Staines M E, Watt R G, et al. 2002. Embryo production using defined oocyte maturation and zygote culture media following repeated ovum pick-up (OPU) from FSH-stimulated Simmental heifers [J]. Animal Reproduction Science, 72, 137 – 151.

[29] Katsuji Uetake. 2012. Newborn calf welfare：A review focusing on mortality rates [J]. Animal Science Journal, 26.